웰컴 투 삽질여행

알아두면 쓸데 있는 지리 덕후의 여행 에세이

웰컴 투 삽질여행

서지선 지음

푸른향기

결국 여행은 삽질의 연속이다

사람마다 각각의 여행 스타일이 있다. 어떤 사람은 한 지역에 오래 머무는 것을 좋아하고, 어떤 사람은 짧은 시간 안에 많은 곳을 보아야 가성비 있는 여행이라 생각한다. 또 어떤 사람은 무조건 배낭을 메고 자유여행만을 추구하는가 하면, 어떤 사람은 머리 아프게 계획을 짜고 헤매는 게 싫어 패키지 여행만 다닌다. 또 누군가는 혼자 하는 여행만이 진정한 여행이라 생각하고, 다른 누군가는 여행 메이트가 없으면 아예 여행의 재미를 느끼지 못하기도 한다. 다 좋다. 그런데 어떤 방식으로 여행을 하더라도 공통점이 하나 있다. 여러 가지 여행의 방식을 모두 경험해본 입장에서 말하자면, 세상에 완벽한 여행법은 없다. 당신이 여행자라면 어떤 여행에서라도 삽질은 하게 될지니.

초등학생 때 엄마를 따라 베이징으로 첫 해외여행을 떠났다. 공항에서 엄마를 잃는 인생 첫 번째 여행 삽질도 경험했다. 뭣도 모르는 채로 떠났지만, 여행을 다녀온 후의 나는 분명히 달라져 있었다. 바로 옆 나라임에도 우리와 충분히 다른 환경에서 많은 사람이 살고 있다는 사실이 자극적이었나 보다. 밥상머리 옆에 붙여놓은 세계지도를 물끄러미 바라보다 점점 더 먼 나라로, 아무도 관심을 두지 않을 것 같은 지도 구석까지도 눈길이 갔다. 나도 모르게 지리 덕후의 길을 걷고 있었던 셈이다. 어린 지리 덕후는 성인이 되면 지도 위 곳곳을 쏘다닐 것이라 다짐했다. 그리고 마침 20대의 끝자락에 다다른 지금, 24개국 100여 개 이상의 도시를 여행했다.

사람들은 종종 내게 "지리 덕후의 여행은 어떻게 다를지 궁금해요~"라고 질문한다. 지리 덕후의 여행은 한정된 세월과 한계가 있는 비용 내에서 얼마나 많은 경험을 끌어낼 것인가가 중점이다. 고로 여행지 선정부터가 피곤하다. 호기심만으론 이미 아프리카 콩고분지의 침팬지와 인사했고, 남극의 펭귄과 기념사진이라도 찍었겠지만, 여행이란 게 그렇게 호락호락할 리가 없다. 게다가 '여기만큼은 꼭 가봐야 해!' 같은 곳조차 없었다. 전부 다 가고 싶으니까. 그래서 내가 택한 방법은 '지금 내게 맞는 최적의 여행지와 최선의 여행 방법'을 연구하는 것뿐이었다.

어떤 지역에 오래 머물러 보고 싶다! 그러면 오래 머물러야 할 이유를 만들었다. 일본학과에 진학해 오사카에서 1년간 교환학생의 신분으로 머물렀다. 유학 생활에서 겪는 삽질은 또 다른 맛의 삽질이었다. 생활 속의 실전 삽질이랄까. 장기체류의 맛을 한번 보니, 새로운 지역에 영어를 배울 겸 놀러 가고 싶다는 생각이 들었다. 몰타로 떠났다. 지중해에 있는 작은 섬나라인 몰타는 영어를 배우기에 썩 좋은 환경은 아니었지만, 일단은 휴양지라서 대부분 공부보다는 노는 데 좀 더 정신이 팔려 있었다. 일단 영어를 공용어로 채택한 나라이며 유럽에 있다는 사실이 매력적이었다. 다른 영어권 나라보다 비교적 저렴한 물가도 장점. 게다가 겸사겸사 유럽 배낭여행을 할 명목이 생겼다. 결국 3개월 정도 몰타에 머물고, 나머지 2개월은 배낭 하나로 유럽 본토를 떠돌았다. 그리고 배낭여행인 만큼 무수히 많은 '삽질 썰'들을 안고 돌아왔다.

　모든 나라에서 이렇게 유유자적 새로운 삶을 즐겨볼 수 있다면 바랄 게 없겠지만, 시간과 자금에는 한계가 있다. 새로운 지역에서 색다른 문화를 만나고 싶은 마음은 끝이 없으니 이럴 땐 그냥 패키지여행을 가버린다. 조금 아쉽지만 어쩔 수 없다. '한정된 시간 안에서 많이 보고 싶다'라는 욕망을 실현하기엔 패키지여행만 한 게 없다. 버스에 몸만 앉히면 알아서 데려가 주고, 설명해주고, 안전도 책임져주고, 잘 먹여주기까지 하니 더 이상 바라는 것도 욕심일 것 같다. 게다가 자유여행보다 훨씬 저렴하다. 이만한 가성비가 없다. 나처럼 패키지여행 많이 가본 여행작가도 드물 것이다. 그런데 패키지투어에서도 삽질 걱정이냐고? 어떤 가이드를 만나냐, 어떤 동행인들을 만나냐에 따라 여행이 두 배로 재미있어지기도 하고, 반대로 엉망이 되기도 한다. 게다가 특수지역 패키지투어는 패키지여도 온갖 돌발 상황이 쉽게 발생한다.

  갔던 곳을 몇 번이나 재방문하는 것도 주특기다. 나에겐 도쿄가
그런 지역이 되어버렸다. 도쿄를 처음 방문한 건 2014년이었는데,
2020년까지 도쿄 방문 경력만 총 9번이었다. 일 년에 1~2번은 갔
다는 수치가 나온다. 돈과 시간이 남아돌아서 그렇게 다닌 건 아니
고, 어쩌다 보니 콘서트 관람이라는 취미가 생겨버렸기 때문이다. 커
다란 도쿄돔에 풍성하게 울리는 음향과 웅장하게 터지는 폭죽을 맛
본 후로 연례행사처럼 찾고 있는 꼴이다. 그렇게 도쿄를 자주 찾아
대니 나라고 돈이 남아돌 리가 없다. 없는 돈을 짜내 왔으니 분수에
맞게 다닌다. 놀러 다닐 비용까지는 마련하지 못해 친구 집에 눌러
앉아 뒹굴기도 한다. 정작 친구는 출근하고 집에 없다. 최근에는 남의 집에서
노트북으로 일만 한 적도 있다. 이 행위에 대해서는 도쿄에서의 일
상을 누려본다는 명목을 갖다 붙였다. 여행에 예산이 부족하면 매번
삽질할 수밖에 없었다.

  어쩌다 여행에 동행인이 붙으면 여행 계획은 좀 더 복잡해진다. 비
교적 허술하게 계획을 짜도 현지에서 어떻게든 해결할 수 있는 1인
여행과는 달리, 나만 믿고 있는 동행인을 위해 어떻게든 괜찮은 여
행을 꾸려야만 했다. 동행인에게도 대부분 취향이라는 게 있다. 그
취향에 맞게 장소를 선택하고 스케줄을 짜기 위해 무수한 인터뷰를

거쳐야 한다. 다 겪어보고 하는 말이다. 대부분은 "아무거나 괜찮아" 라고 하지만, 경험상 막상 가면 하나도 안 괜찮더라. 최근에는 가족과의 여행이 잦아졌는데, 여행 인프라가 좋은 지역은 자유여행에 도전해보지만, 그게 아닐 경우 가차 없이 패키지투어만 예약했다. 머릿수가 많아질수록 여행은 산으로 가기 때문에 군말 없이 말을 따라야 할 리더 가이드가 있는 편이 좋았다.

  결국, 나는 조심스러운 여행자다. 모험을 추구할만한 배짱도 없다. 혹시나 애써 떠난 여행을 망칠까 봐, 그러한 변수가 생기지 않도록 최대한 노력한다. 이렇게 열심히 머리를 굴려 여행을 떠나지만, 어떤 방식의 여행이든 완전히 순탄한 여행은 없었다. 계획적인 나에게조차 여행길에서의 수많은 삽질을 피할 방법이 없는 것이다. 결국 여행이란 삽질과 떼려야 뗄 수 없는 사이다. '집 나가면 개고생'이라는 말이 괜히 생긴 게 아니듯, 여행길에선 조금만 뒤틀려도 하루가 꼬인다. 그렇지만 시간이 지나 보면 여행에서 삽질만큼 기억에 남는 게 또 없다. 해당 지역의 유명한 랜드 마크를 만난 감동은 서서히 잊히지만, 애써 고생한 이야기만큼은 오래도록 남아있다. 심지어 미화되어 추억으로 포장된다. 온갖 삽질이 또 어떻게든 해결되는 것도 여행의 묘미다. 별일 없이 잘 살아 돌아와서 이렇게 글도 쓰고 있으니.

목차

프롤로그   결국 여행은 삽질의 연속이다   4

1장 이동 길부터 삽질하는 여행자

I can't find my luggage   14
하이델베르크로 가는 기차   23
변기의 추억   30
장거리 야간버스가 어때서?   38

2장 날씨 앞에서 무너지는 여행자

7월에 몽골을 여행하는 방법   46
겨울입니다, 에어컨 좀 꺼주세요   55
태풍과의 기싸움   62
사하라사막의 밤   70

3장 사람과의 소통이 어려운 여행자

내 이름에 대한 고찰   82
누가 깍두기를 훔쳐갔는가   90
친구와 일주일 이상 여행하면 일어나는 일   98
스푼, 스푼!!! 말이 통하질 않아   111

4장 벌레의 습격과 갑작스런 질병에 고통 받는 여행자

바선생과의 동거   122
일주일에 72유로짜리 호스텔의 비밀   129
내가 어쩌다 여기 누워있는 거지?   137
2,000m 고지대 산골 버스에서 응급상황이   145

5장 차별에 항의하고 분노하는 여행자

가이드님, 지금 하신 말씀 NG 발언입니다　　　　152
니하오! 곤니치와! 라니　　　　160
누구야? 내 엉덩이 만진 놈이　　　　168
한국에도 공중목욕탕 있어?　　　　175

6장 21세기 현대 문명 앞에서도 힘을 못 쓰는 여행자

제가 지금 공포영화 속을 걷고 있나요?　　　　186
와이파이 없는 21세기 여행　　　　193
그놈의 덕질 덕분에　　　　200
비키니 차림으로 밖에 갇히다　　　　208

7장 가지가지 삽질하는 여행자

스무 살의 첫술　　　　220
저도 쿠키몬스터 제일 좋아해요　　　　229
대가족 맞춤 코끼리 케어　　　　237
영어듣기와 자전거와 수영　　　　251

에필로그　　　내가 여행하는 방법　　　　260

1 I can't find my luggage

2 하이델베르크로 가는 기차

3 변기의 추억

4 장거리 야간버스가 어때서?

1장

이동 길부터
삽질하는 여행자

I can't find my luggage

　　12시가 넘은 늦은 밤, 낯선 공기와 섞여들 수 없는 분위기. 인천에서 런던까지 12시간, 그리고 또 런던에서 3시간을 날아왔다. 이곳은 몰타의 루카국제공항이다. 나의 첫 유럽. 늦은 밤 도착한 비행기는 런던에서 온 사람들을 차례차례 내려주었고, 그 비행기에서 유일한 동양인이던 나 또한 몰타와 처음 마주했다. 오랜 비행에 고된 몸을 이끌고도 흥분되었다. 봄에서 여름까지 내 삶의 터전이 될 이 나라와 인사했다. 두근거렸다. 아무리 기다려도 컨베이어벨트에 내 짐이 안 나오기 전까지는.

　　장시간 비행하며 먹고 잔 것을 제외하면 딱 두 가지 일을 했다. 하나는 영화 보기 세 편 정도는 클리어했다. , 또 다른 하나는 여행 영어 책에 나온 문장을 외우는 일이었다. 공항 편에 나온 문장들을 보니 너무 과한 사건사고를 예시로 들어 딱히 쓸 일이 없어 보였다. 그때만 해도 나는 정말 몰랐다. 몇 시간 후의 내가 '제 짐이 안 나와요' 즉, 'I can't find my luggage'를 당장 써야 할 줄은.

난생처음 온 유럽인데 내 캐리어는 절대 나올 기미가 보이지 않았다. 28인치나 되는 데다 진한 민트 컬러를 자랑하는 내 캐리어를 못 보고 지나쳤을 리가 없었다. 이건 그냥 안 나오는 거였다. 울고 싶었지만, 오히려 어이가 없어서 허탈한 웃음이 나왔다. 아니, 그러게 내가 런던에서 경유할 때 캐리어도 제대로 탔냐고 몇 번이나 물어봤잖아, 이 히스로공항 놈들아!!! 속에서 저주할 대상들이 한둘씩 지나갔다. 하필 나한테 이 항공권을 예매해준 유학원 대표, 12시간도 넘게 타야 할 비행기임에도 착석 후 1시간씩이나 지연 출발한 항공사, 내 짐도 경유 편 비행기에 탔냐는 질문에 "maybe"라고 성의 없이 대답한 히스로공항 직원. 너희 다 저주할 거야. 으아아아!

"I can't find my luggage."

밤 12시. 손님들은 모두 출국장을 빠져나갔다. 나만 빼고. 시간이 늦어 공항은 텅 비어 있었다. 직원도 찾기 힘들 정도였다. 여유롭게 앉아 딴짓을 하는 단 한 명의 직원에게 말을 걸었다. 울먹울먹한 표정으로 몇 시간 전에 외워둔 문장을 발사했다. 그리고 "내가 런던에서 경유했는데 어쩌고저쩌고" 주절주절 몇 마디 문장을 덧붙였다.

"오케이."

그는 그 어떤 안타까움도 미안함도 위로도 없이 종이 한 장을 꺼내 주었다. 표정 없는 그의 얼굴에 '칭얼거릴 대상을 잘못 찾았구나' 싶어 침착함을 유지했다. 그는 여권과 항공편 정보를 접수해 가더니 너무나도 쿨하게 말했다.

"네 짐은 아직 런던에 있네. 내일 택배 보내 줄게. 주소 적어."

그 와중에 난생처음 듣는 몰타식 영어 발음은 미지의 영어였다. 단한마디의 위로도 받지 못하고, 생판 가보지도 못한 주소를 적는 내처지가 우스웠다. 지나치게 낯선 몰타의 지명은 어떻게 읽는지조차알 수 없어서 그대로 알파벳만 따라 적었다. 그는 전화번호도 적으라고 했다.

'나 전화번호 없는데.'

몰타에 온다고 한국 유심은 정지시켜버렸고, 새로운 몰타 유심은받지도 못한 상태였다. 허탈하게도 도착한 날이 금요일에서 토요일로 넘어가는 밤이었다. 어학원은 주말에 쉬니까 어학원의 도움도 못받는다는 이야기였다. 허허허 웃으며 국내에 있는 엄마의 휴대폰 번호를 적었다. 종이를 주니 다 됐으니 나가 보란다. 네 짐은 다음날 도착할 거라는 말만 남기고.

출국장으로 나갔더니, 무척이나 따분해 보이는 택시기사 한 분만이 남아 내 이름표를 들고 있었다. 네가 'Seo'냐고 종이와 나를 번갈아 가리켰다. 숙소까지 나를 데려다줄 픽업 서비스인 것이다! 나는 구원자를 발견한 뒤 신나게 기사님께 달려갔다. 이 먼 나라까지 동양인 학생이 왔는데 캐리어 하나 없는 나를 이상하게 볼 것 같았다. 징징거릴 타이밍이 왔다.

"제가 런던에서 경유했는데요. 글쎄 걔들이 제 짐을 안 태워준 거 있죠?"

드디어 내 편을 만났다는 안도감에 아저씨께 친한 척 말을 걸었다.

"그렇군요."

대화가 끝났다. 이럴 수가! 다들 내 불쌍한 사연에 공감 좀 해달란 말이야! 말들이 왜 이렇게 짧은 거야? 숙소로 가는 동안 그 이상의 대화는 없었다. 좌절했다. 이렇게까지 사람이 외로울 일인가. 기나긴 비행을 하고 온 내 사연을 아는지 모르는지, 몰타의 밤은 적막하기만 했다. 라디오에서는 알 수 없는 몰타 말만이 흘러나오고 있었다. 길거리에 유기견으로 추정되는 개 두 마리가 지나갔다. 무려 달마시안이었다.

'무슨 길거리 개가 달마시안이야? 나 정말 먼 곳까지 와버렸구나.'

달마시안을 보자마자 이질감이 설렘이 아닌 쓸쓸함으로 다가왔다. 내 편도 아무도 없고, 아무도 내 말을 들어주려 하지 않는 먼 곳으로 떨어져 버린 느낌이었다. 우습지만 그 이후엔 몰타에서 달마시안과 마주친 적이 한 번도 없었다. 단 한 번도. 아저씨는 숙소 앞에 나를 내려주었다. 어학원에서 준비한 전달사항 패키지와 내 방 열쇠를 받았다.

"그냥 들어가면 되나요?"

"네."

아저씨는 마지막까지 별다른 의지가 되지 않은 채 차를 몰고 사라졌다. 어떻게 돌아가고 있는 상황인지 영 모르겠으니 답답하기만 했다.

몰타에 있는 동안 내가 묵을 숙소는 여러 명의 학생이 함께 사는 일종의 셰어하우스였다. 마을 어귀에 자리한 집은 몰타의 여느 집이 그렇듯 아련한 상아색의 집이었다. 낯선 집으로 들어가자 새벽 2시가 다 된 시간임에도 누군가가 거실에 있었다.

"하이~"

누군지 모를 백인 여성 한 명이 나를 반겨주었다. 얼떨결에 "하, 하이" 인사한 나는 마지막 구세주 후보에 그를 올렸다.

"내 방은 7번 방인데, 7번 방은 어디야?"

그는 친절하게도 나를 2층 7번 방 앞까지 데려다주었다. 싱긋 웃으며 "굿나잇" 하고 사라지는 그는 정말로 천사 같은 존재였다. 이후 그의 얼굴을 다시는 볼 수 없었는데, 지금 생각해보면 몰타 생활을 마치고 고국으로 돌아갈 비행기를 기다리고 있진 않았는가 싶다. 고맙습니다, 그날 밤 당신은 저의 유일한 구원자였어요.

나는 2인실을 신청했다. 어떤 룸메이트가 나를 기다리고 있을지, 밤잠을 깨워 미안하다고 생각하며 방 안으로 들어섰다. 문을 따고 들어가는데도 한참이 걸렸다. 이놈의 몰타 열쇠는 세상 구식이어서, 그 커다란 열쇠를 구멍에 정확히 맞추지 않으면 문을 열 수가 없었다. 열쇠 구멍은 안과 밖으로 뻥 뚫려 있었고, 한 열쇠로 안팎을 모두 잠그고 열어야만 했다. 손에 쇠 냄새가 진동할 즈음 겨우 문을 여는 데 성공했고, 방에는 아무도 없었다. 매우 어지럽게 흐트러진 방의 모습을 보며 어찌해야 하나 싶었다.

'금요일 밤이라 클럽에 간 건가? 여기서 클럽이 되게 가깝다고 들었는데.'

심지어 소지품을 보니 룸메이트가 한국인으로 추정되었다.

'아, 진짜 센스 없게 룸메이트를 같은 국적으로 붙여놓냐.'

외국인 룸메이트와의 몰타 라이프라는 꿈이 산산이 조각났지만, 그보다 일단 너무나도 간절하게 씻고 싶었다. 그리고 나는 깨달았다. 지금 내가 가진 것은 배낭뿐. 수건이고 잠옷이고 갈아입을 옷이고 다 캐리어에 있다는 것을. 내가 가진 것은 유일하게 칫솔과 치약뿐이었다. 울고 싶었다. 엉엉. 얼굴도 모르는 룸메이트의 물건을 마음대로 쓰고 싶진 않았는데, 정말 어쩔 수 없이 룸메이트의 마른 수건을 들고 화장실로 향했다. 샤워용품도 누군가의 것을 훔쳐 쓴 꼴이 되었다.

'미안하지만, 나 정말 너무 급하니까 이 정도는 봐주라.'

그러고는 화장실에 갇혔다. 그놈의 열쇠 때문에. 아무리 돌려도 뻑뻑하게 굳은 열쇠는 끝없이 나를 약 올리고 있었다.

'나는 열 수 있다. 나는 열 수 있다. 나는 열 수 있다.'

그렇게 화장실 문을 붙잡고 최소 10분간 애를 먹어야만 했다. 그 후로도 일주일 동안 수도 없이 화장실에 갇혔다. 나는 그 열쇠를 생각하면 지금도 치가 떨린다.

방으로 돌아와 침대에 누웠다. 24시간도 넘는 긴 이동 시간 동안 입었던 땀에 찌든 옷을 잠옷이랍시고 다시 입어야만 했다. 와, 세상아! 내가 뭘 그리 잘못했다고 이렇게도 야박하게 구는 것이냐!

몰타와의 첫 만남은 너무나도 지독한 머피의 법칙 그 자체였다. 다음날까지 룸메이트는 방에 들어올 낌새가 없었다. 변변찮은 다른 친구도 만들지 못한 채였다.

"네가 7번 방에 새로 들어온 애야? 네 룸메이트는 지금 네덜란드로 놀러 갔어."

다음날 본 유일한 중국인 하우스메이트가 말을 건네주었다. 보통 새로운 하우스메이트가 오면 다들 환영해준다고 하던데, 내가 입주한 시기가 딱 온갖 이유로 사람이 텅텅 비어있을 때였단다. 몸과 마음이 모두 지쳐있는 상태라, 딱히 누군가를 만나서 인사하고 싶은 심정도 아니었다.

끼니 해결을 위해 일단 밖으로 나갔다. 버거킹으로 가서 햄버거 세트나 시켜 먹었다. 여기까지 와서 이튿날 될 때까지도 의지 되는 사람 하나 없이 대체 뭘 하고 있던지. 다시 방에 들어가서 처박히고 싶었다. 마트에서 저녁으로 먹을 즉석식품을 하나 사 왔다. 집에 들고 오니 더럽게도 맛이 없어서 우울해졌다. 이딴 거에 돈을 5유로나 쓰다니. 남은 음식은 상온에 보관했더니 금방 쉬어서 곧장 쓰레기통으로 직행했다.

하루가 지나 택배가 오기로 한 날짜가 되었다. 이른 밤부터 잠이 잘

오더라니 아침 6시부터 눈이 번쩍 떠졌다. 평소에 워낙 밤낮이 뒤바뀐 삶을 살던 나인지라, 유럽에 도착하자마자 시차 적응 없이 평범한 루틴을 구축했나 보다. 의외의 행운이었다.

'그나저나 택배는 몇 시에 오겠다는 거야? 내 방은 2층인데 언제 택배가 올 줄 알고 받으라는 거야? 1층에 벨은 있나? 내가 못 받으면 대신 받아줄 사람도 딱히 없어 보이는데, 뭐 어쩌라는 거야!'

답답한 상황에 짜증이 차올랐다. 때마침 한국에 있는 엄마에게서 연락이 왔다. 택배가 도착한다는 문자가 왔단다. 그 소식을 전해들은 지 얼마 지나지 않아 우연히 발코니로 나가보았다. 상앗빛 집들이 이곳이 몰타임을 알리고 있었다. 발코니 정취나 감상하고 있는 와중에 어디선가 커다란 차가 등장했다. 그리고 그 차에서 민트색 캐리어가 내려왔다. 내 캐리어였다! 내 캐리어야! 어리둥절하고 있는 기사를 보고 그게 내 짐이라고 큰소리로 외쳤다. 이렇게 타이밍이 좋을 수가! 택배가 오는 타이밍을 방에서 맞추다니! 후다닥 내려가 캐리어를 받아왔다. 32kg에 육박하는 _{항공사가 규정하는 추가 요금 최대치의} 짐을 실은지라, 그 무게를 끌고 혼자서 2층까지 올라가지도 못했다. 1층에서 캐리어를 열어 짐을 꺼내 일일이 옮기기 시작했다. 이게 뭐하는 짓인가 싶다가도 캐리어의 등장에 삶이 다시 피어난 것 같았다.

"어, 안녕하세요. 제가 여행을 다녀와서요!"

뽀송뽀송하게 씻고 깨끗한 옷을 입고는 침대에 누워있으니 룸메이트가 도착했다. 한국말이다! 드디어 내 말을 들어줄 사람이 나타났다!

"혼자서 많이 힘들었죠? 오늘 처음 왔으니까 밖에 산책 겸 나가 볼래요?"

그는 나를 데리고 몰타의 해안가를 산책시켜주었다. 평화로운 해안가를 따라 반짝반짝 윤슬이 춤추고 있었다. 미치도록 아름다운 푸름과 반짝임이었다. 바다가 포근히 도심을 향해 굽어 들어와 있었다. 도심과 지중해가 맞물린 삶의 현장. 평화로운 얼굴로 제각각의 주말을 맞이하는 사람들. 아, 이걸 보기 위해 내가 이곳까지 왔구나.

"언니, 저 몰타에 오길 잘한 것 같아요."

24시간 동안 펼쳐진 머피의 법칙은 드디어 끝이 났다. 지독한 쓸쓸함이 반짝이는 윤슬 아래로 덮여 사라졌다.

하이델베르크로
가는 기차

 여행지에서는 항상 예상치 못한 변수가 생기기 마련이다. 아무리 완벽한 계획을 세워뒀다 하더라도 언제 어디서 어떤 일이 일어날지 모르는, 그 이름은 여행길이다.

괴테가 사랑한 도시, 독일 하이델베르크로의 여행을 오래도록 꿈꿔왔다. 철학에 관심은 없었으나 괴테가 산책했다는 '철학자의 길'에는 관심이 있었다. 철학자의 길에서 내려다보인다던 고성과 강줄기를 바라보며 사색에 빠져보고 싶었다. 게다가 이곳은 독일에서 가장 오래된 대학이 있는 도시. 대학의 역사는 무려 14세기부터 이어진다. 그래서인지 하이델베르크만 찾으면 손쉽게 지성인이 될 수 있을 것만 같았다.

나 홀로 배낭여행 중에 기차로 떠나는 야심 찬 당일치기 여행을 계획했다. 숙소는 프랑크푸르트에 있었고, 하이델베르크까지는 고작 기차로 1시간 정도만 투자하면 쉽게 갈 수 있었다. 당일치기 일정 중에서도 매우 만만한 일정이었다. 전혀 상상하지 못했다. 아무런 위험요소가 없어 보이는 이 길이 내 유럽 여행에서 가장 수난기가 될 줄이야.

고대하던 하이델베르크 여행을 앞두고 평소 게으른 여행자인 나조차 아침 일찍부터 부지런을 떨었다. 전날 예매해둔 기차표 시각보다도 꽤 이른 아침. 여유 시간을 가지고 프랑크푸르트역에 도착했다. 역 내에서 샌드위치를 사고는 곧장 기차표에 적힌 플랫폼으로 향했다.

'여기서 아침식사나 하면서 기다려야지.'

콧노래가 나올 것 같은 여유로움이었다. 프랑크푸르트역은 유럽 전역에서 도착하고 출발하는 기차들로 활기를 더하고 있었다. 열차를 기다리며 샌드위치를 먹는 동안 내 앞에서도 서넛 대의 기차가 도착하고 또다시 출발했다. 시계를 한번 확인했다.

'출발할 시간이 되어 가는데, 왜 전광판에 안내조차 없을까?'

그때 독일인 친구가 해준 조언 하나가 생각났다.

"독일 기차 믿지 마. 매번 지연되는 게 독일 기차라고."

음, 그렇구나. 짜식들~ 의외네? 약속 잘 지킬 것 같고 대중교통도 발달했을 것 같은 이미진데? 천진난만하게 '후후' 웃고 말았다. 그런데 출발 시간에서 10분이 지나고도 전광판에 안내 하나 없는 건 너무 하잖아. 슬슬 불안감이 엄습하고 있었다. 정신을 차리고 역무원을 붙잡고 어영부영 질문을 시작했다.

"저기요. 하이델베르크 행 열차는 도대체 언제 오나요?"

약속 잘 지킬 것 같고 교통 시스템도 좋을 것 같던 이미지는 다 부서졌지만, 무뚝뚝할 것 같다는 역무원 이미지만큼은 편견 그대로였다. 그는 귀찮다는 듯 무표정으로 대답했다.

"아까 출발했는데요?"

"네? 그럴 리가 없어요. 제가 40분 전부터 저기서 기다리고 있었다고요."

"플랫폼 바뀌어서 옆 노선에서 출발했어요."

"헐…."

플랫폼이 바뀔 거라고는 생각지도 못했다. 샌드위치 먹는 데만 정신이 팔려 안내방송에 전혀 귀를 기울이지 않은 탓일까.

"티켓은 이미 샀는데, 그럼 저는 어떻게 하이델베르크로 가야 해요?"

나는 간절한 표정으로 물었다. 설마 티켓 값 날려먹었다는 말만 돌아오지 않길 빌면서.

"30분 뒤에 오는 거 타세요. 하이델베르크가 종착역이에요."

"헉. 정말 감사합니다!"

퉁명스러웠지만 매우 도움이 되는 대답에 만족하며 다시 플랫폼으로 돌아왔다. 그래, 사람이 이 정도 실수는 할 수 있는 거지! 시간을 좀 버리긴 했지만, 이 정도면 괜찮아.

잠시 후, 역무원이 타라고 한 열차가 도착했고, 나는 종착지가 하이델베르크라는 것을 확인하고 냉큼 올라탔다. 곧이어 기차가 출발했다. 그리고 기차는 엉금엉금 기어가기 시작했다. 서기도 어찌나 자주 서는지 아무래도 내가 KTX 요금을 내고 무궁화호, 아니 체감상 비둘기호에 탑승해 버린 것 같았다. 이 속도로 가는데 1시간 만에 하이델베르크에 도착할 수 있을 리가 없었다. 휴대폰을 켜 GPS를 찍어 보았다. 출발한 지 30분이 지났는데, 하이델베르크까지 가려면 아직 한참이나 멀었다. 승무원 씨…. 제가 아무리 귀찮아도 그렇지…. 너무하지 않습니까? 어떻게 이걸 타고 가라고 조언할 수가 있어? 도착 시간이 전혀 예상되지 않았지만, 일단 탔으니 버텨보기로 했다. '하이델베르크 행 기차'니까 언젠간 하이델베르크엔 도착하겠지, 뭐.

　기차는 느릿느릿 움직였고, 많은 사람이 타고 내리길 반복하다 어느 구간부터는 내가 탄 기차 칸에 그 어떤 손님도 남지 않았다. 오직 나만이 남겨졌다. 게다가 이번엔 한 역에 정차해서 기다리는 시간이 어찌나 긴지 10분이 넘게 도통 움직일 기미가 보이지 않았다. 서러움과 지겨움이 한꺼번에 쏟아져 한국에 있는 엄마에게 전화를 걸었다.

"엄마아아, 기차가 출발을 안 해."

"안내 방송 없었어?"

"독일어로만 뭐라 뭐라 하는데 내가 어떻게 알아."

"언제 출발하냐고 물어봐."

"내가 탄 칸에 사람이 아무도 없어. 잠시 내린 사이에 문 닫히고 기차가 다시 출발해버리면 어떡해?"

이런 이야기를 실컷 나누다 다시 시간을 확인해보니 이미 기차가 정차한 지 30분이 훌쩍 지나 있었다.

"좀 이상하지 않아? 역시 내려서 물어봐야겠어."

전화를 끊고 기차에서 내렸다. 역무원과 기관사로 보이는 사람들이 기차의 머리 옆에서 이야기를 나누고 있었다. 나는 기차의 꼬리에서 머리까지 빠른 걸음으로 질주했다.

"이 기차는 언제 다시 출발하나요?"

나의 질문에 그들은 안타까운 표정으로 답했다.

"이 열차는 지금 선로 과열 때문에 여기까지만 운행해요."

"네에?"

어이가 가출할 것 같았다. 때는 7월이었지만 선로 과열을 걱정할 정도의 더위는 절대 아니었는데, 뭐요, 다른 것도 아니고 선로 과열 때문이라고요? 여기 기술 선진국 맞아?

"저는 그럼 하이델베르크까지 어떻게 가나요?"

"역 밖으로 나가면 무료로 버스를 탈 수 있어요."

"네…. 알겠어요…."

이제는 나더러 또 버스를 타란다. 일단 가라는 데로 갔는데 대체 어디서 뭘 타야 하는지 몰라서 헤매다가 딱 한 대 있는 버스를 발견했다.

"기차가 멈췄는데 여기서 버스를 타라고 하네요. 저는 하이델베르크까지 가야 해요."

갑자기 낯선 외국인의 등장에 버스 기사가 당황했다. 몇몇 승객과

버스 기사는 독일어로 웅성웅성 토론하기 시작했다. 독일어를 전혀 알아듣지 못해 어떠한 대화가 오갔는지는 모르겠지만, 대충 영어를 할 줄 아는 사람을 찾는 것 같았다. 멀뚱멀뚱 그들을 바라보고 있으니 영어를 할 줄 아는 한 여성이 대신 설명해주었다.

"오케이. 당신한테는 지금 두 가지 선택지가 있어요. 이 버스는 언제 출발할지 모르는데, 버스를 기다려서 하이델베르크까지 가는 방법이 있고요. 아니면 경찰차를 타는 방법도 있어요."

경찰차는 대체 또 무슨 소리람. 내가 여기서 경찰차까지 타야겠어요…? 내 얼굴은 당혹감에 젖어들기 시작했다.

"이 버스, 출발하려면 얼마나 오래 기다려야 하는데요?"

그는 다시 버스 기사와 한참을 독일어로 토론하더니 다시 영어로 입을 열었다.

"그냥 저만 따라오세요. 저도 어차피 하이델베르크로 가야 하거든요."

"헉, 알겠어요. 감사합니다!"

목적지가 같은 현지인이라니! 그냥 따라가기만 하면 된다니! 온갖 고비에도 한 줄기 희망이 보이기 시작했다.

그는 무려 자전거를 끌고 탄 임산부였다. 기꺼이 나는 그를 믿기로 했다. 달리 의지할 데도 없었으니 그는 오롯이 나의 구원자였다. 언제 출발할지 모른다던 버스는 생각보다 일찍 출발했고, 작은 기차역 하나를 거쳐 이름 모를 또 다른 기차역에 우리를 내려주었다.

"지금 내릴게요. 따라오세요."

"네. 알겠어요."

나는 그가 하자는 대로 쫄랑쫄랑 따라갔다. 기차역에서 또 다른 기차를 기다리기 시작했다. 혼자였다면 '아, 또 시련에 부딪히는가' 싶었겠지만, 이번에는 달랐다.

"10분 후에 오는 기차를 탈 거고요. 타고 10분 정도만 더 가면 하이델베르크역에 도착해요."

"네네! 알겠어요! 고마워요!"

현지인 찬스라니 이렇게 든든할 데가 있나! 그렇게 마지막 기차에 무사히 탑승할 수 있었고, 약 10분 후 드디어 나는 고대하던 하이델베르크역에 도착했다. 기존의 도착 예정 시간보다 무려 3시간이 흐른 후였다.

하이델베르크에 살고 있다는 그는 버스티켓 구매와 버스 타는 방법까지 알려준 후 내 곁을 떠났다. 여행길에서 만난 천사였다. 만약 그가 없었다면 이 방황이 어디까지 비틀어졌을지 상상조차 불가능하다. 흑흑. 건강하게 잘 지내시죠? 아기는 무사히 잘 태어났나요? 지금쯤이면 아기도 많이 컸겠군요.

내가 하이델베르크로 여행을 다녀온 일주일 후, 이제 막 유럽 여행을 시작한 다른 친구가 프랑크푸르트에서 하이델베르크 당일치기에 도전했다는 말을 전했다. 그 친구는 버스를 예약해 아주 빠르고 편하게 다녀왔다고 한다. 젠장. 나도 버스나 예약할 걸! 여유만만하게 플랫폼에서 샌드위치나 먹던, 이 작은 실수가 이렇게 기나긴 괴로움을 낳다니! 다음부터 독일 기차는 절대 믿지 않을 테다.

변기의 추억

분명히 오전 8시 30분 기차라고 했던 것 같은데···. 손목시계 시침은 숫자 9를 찍고도 10을 향해 절반은 이동해 있었다. 스리랑카 홍차의 도시 누와라엘리야에서 기차를 기다린 지 어언 한 시간이 넘어서야 저 멀리서 낡은 기차가 꾸물꾸물 들어왔다. 아기자기하게 꾸며진 역 분위기가 아니었으면 매우 지루한 시간이 되었을지도 모르겠다. 오랜 기다림 후, 한 세기는 과거로 타임리프를 한 듯한 열차에 탑승할 수 있었다. 이것은 뉴트로가 아닌 진짜 레트로였다. '찐'이었단 얘기다. 공기가 답답해 손잡이를 돌려 창문을 끝까지 올렸다. 그렇다. 우리나라에선 더 이상 볼 수 없는 기차의 창문 손잡이! 게다가 아직도 더 기다릴 시간이 남아 있었는지, 기차는 30분 가까이나 정차해 있다가 달리기 시작했다. 그런데 맙소

사, 심지어 역방향으로 가고 있는 것이 아닌가. 다시 한 번 심호흡을 하고 마음을 가다듬었다.

'그래, 여긴 스리랑카야. 여유를 가져야 한다고.'

바깥 풍경을 보았다. 그리고 모든 것을 용서했다. 차창 밖으로 끝없는 홍차밭이 이어졌다. 구름도 시선 아래에 깔려 마치 천상의 열차에 탄 것만 같았다. 열차는 낡았어도 주행 코스는 무려 알프스 특급 산악열차 클래스다. 창문으로 신선한 산바람을 맞으니 비염으로 막혀 있던 코도 횡하니 뚫려버렸다. 기차 안으로 아련하게 퍼지는 햇살에 실컷 잠을 즐기다 깨길 반복했다. 이 이야기를 왜 하냐고? 가만있어 보세요. 다 주제와 상관이 있으니 하는 겁니다.

'갬성' 한가득한 '찐' 레트로 열차에서 오랜 시간 여유를 부렸다. 시시각각 변하는 바깥 풍경을 바라보거나, 싸 온 간식을 야금야금 꺼내 먹거나, 햇빛을 받으며 늘어지게 잠을 잤다. 문제는 여기서부터다. 쉴 만큼 쉬고 놀 만큼 놀았는데도 열차가 도통 도착할 생각을 하지 않는 것이다. 구글맵을 켜 목적지인 엘라까지 자동차 이동 시간을 찾아보았더니 약 2시간이란다. 그런데 이놈의 찐 레트로 기차는 3시간이 지나고도 도착할 기미가 안 보였다. 안 돼…. 방광이 신호를 보내기 시작하잖아…! 이 기차는 결국 무려 차로 2시간 거리를 5시간 동안 이동했다 카더라.

다행히도 기차에 화장실이 있긴 있었다. 그렇다고 해도 우리나라 무궁화 기차 화장실조차 상태가 영 좋지 않음을 겪어보았기에, 이곳 기차 화장실을 사용할 일이 없길 바랐다. 무궁화호의 경우 경험상 서울~부산을 5~6시간가량 이동하며 도착지에 다다를수록 지린내가 진동한다. 하지만 이 거북이처럼 기어가는 기차가 언제 도착할지 전혀 알 수가 없었다. 가자! 용기를 내서 화장실로 가자! 화장실이 더럽든 깨끗하든 당장 지릴 위기에 처했으면 일단은 해결을 해야 할 것 아닌가! 휴지를 챙겨 화장실 문을 벌컥 열었다. 생각보다 넓고 깨끗했다.

'이 정도면 괜찮은데?'

하는 순간, 문. 화. 충. 격. 세상에 변기 바닥이 뚫려있었다. 수십 년 전 똥통 있던 시절엔 다 그랬다고요? 아닙니다. 재래식이라고 다 같은 재래식이 아니라 이겁니다. 이곳은 달리는 기차 안이다. 그 말은 즉? 기찻길 위를 이동하며 소변을 대지에 흩뿌려야 하는 것이다. 아니, 이게 무슨…. 볼일을 보고 있는데 헛웃음이 나왔다. 대지에 소변을 흩뿌리다니, 무슨 대단한 의식이라도 치르는 것 같기도 하고. 말이 뿌리는 거지, 이건 기차 속도 탓에 광역으로 발사하는 수준이었다. 어찌 보면 일종의 노상방뇨나 다름없는 행위인데 기찻길에 이렇게 뿌려도 되나 하는 생각이 들었다. 그래도 소변이었기에 망정이지, 대변이었으면 그냥 기찻길에 똥 뿌리는 격이잖아? 마지막 화룡점정으로 티슈를 버리면서 쓰레기 무단투기라는 죄책감마저 들었다.

여행을 하다 보면 이처럼 별의별 화장실들과 만나게 된다. 음식을 많이 가리는 사람이 여행을 가기까지 큰 결심을 해야 하듯이, 자기 집을 벗어나면 대장이 운동을 거부하는 이들도 큰 결심을 해야 한다. 얼마나 잘 먹고 잘 싸느냐는 여행의 질을 크게 좌우한다. 나의 경우엔 어딜 가나 잘 먹고 잘 싸는 편이어서 여행을 하기엔 타고난 체질이라고 할 수 있다. 그렇다면 '어디든지 아무 변기 위에서나 잘 쌀 수 있느냐!' 하고 물으신다면, 그렇지도 않다. 아니…. 쌀 수야 있겠지. 하지만 나는 안타깝게도 비위가 약하다. 깔끔하고 멋진(?) 공간이라면 세상 행복한 '즐똥'이 가능하지만, 세상 모든 여행지에서 만나는 화장실들은 그렇게 호락호락한 상대가 아니었다.

　가장 멋진 화장실을 가진 나라 1위는 이견 없이 일본이다. 예로부터 더러움을 죄악으로 여기던 일본 신도의 영향인지 어쨌거나 어딜 가나 깨끗하다. 대부분의 화장실은 상급 변기를 갖추고 있다. 아무리 허름한 곳일지라도 최소 중급 수준은 갖추고 있어, 비위를 거스르는 변기를 찾아보기란 최상급의 변기를 찾기보다 훨씬 힘들다. 이미지를 중히 여기는 장소라면 화장실 인테리어도 기가 막힌다. 비데도 자주 달려 있고, 화장실 휴지도 완벽하게 비치되어 있다. 칸마다의 방음도 기가 막히는 편. 어떨 때는 쇼핑보다 화장실 이용이 즐거울 정도다. 가정집 또한 아름다운 변기 존을 따로 갖추고 있다. 깨끗한 데다 예쁘게 꾸며져 있고 향기까지 나니 남의 집 변기 쓰는 맛이 쏠쏠하다. 한번 화장실에 들어가면 나오고 싶지 않을 정도다.

　유럽으로 가면 평균적으로 화장실 사정이 우리나라보단 약간 떨어지는 느낌이다. 그렇지만 비위를 상하게 할 정도는 아니다. 그럭저럭 청결하게 관리되고 있다. 감점 요인은 화장실 이용료. 보통 1유로 정도를 이용료로 받고 있다. 돈을 내서라도 이용해보고 싶은 화장실이라면 좋겠지만, 그저 길에서 지리지 않기 위해 돈을 지불한다니 썩 기분이 좋진 않다. 게다가 이들의 변기는 한국보다 시트가 커서 불편하고, 물이 있는 곳까지의 깊이가 있는 경우가 많아 조준을 잘못하면 망한다.

유럽에서 호텔을 이용한다면 이상한 변기가 하나 더 있는 것도 발견할 수 있다. 얼핏 보면 남성용 소변기가 따로 있나 싶지만, 이것은 유럽식 비데다. 볼일을 보고 나서 물을 틀고 거기서 엉덩이를 씻는단다. 석회질이 많은 물이 흐르는 유럽에서 한국식 비데는 쓸 수 없다나 뭐라나. 무엇보다 우리 관점에서 가장 불편한 것은 화장실 바닥이 건식이라는 것. 욕조나 샤워실 밖으로 물이 새어 나가면, 물이 빠져나갈 배수구가 없다. 결국 물바다가 된다.

굳이 오지로 기어들어가지 않는다면 어딜 가나 보통 이 수준에서 여행을 마무리할 수 있다. 나라별 경제 발전 수준에 따라 조금의 차이는 있다. 성능이 영 시원찮거나 깨끗하게 관리되지 않는 장소들이 조금 있다는 점? 하지만 감수할 수 있는 정도다. 썩 유쾌하진 않지만 들어가기 불쾌할 정도는 아니다. 도시에 한해서다.

개발도상국의 시골 지역으로 들어가면 점점 난도가 높아진다. 굉장히 옛날 방식으로 지어진 변기가 곧잘 튀어나온다. 양변기라면 변기 시트가 없거나 본인의 운동 의지와 상관없이 스쿼트를 열심히 해야 한다. , 재래식 변기라면 그 자체로 난도가 높을 때가 많다. 멀쩡하게 생겼더라도 관리가 안 되어 있다면 오물 위에서 일을 처리하는 기분이다.

중국의 시골 지역에서는 말로만 듣던 문이 없는 공중화장실도 이용해봤다. 놀랍게도 이 화장실의 가장 쇼킹한 지점은 문의 여부가 아니었는데, 바로 가장 오른쪽 칸의 변기 오물이 왼쪽 칸까지 전달되며 빠져나가는 식인 것이다. 그러니까 칸은 여러 개가 있더라도 오물을 받는 부분이 이어져 있는 식인데, 오른쪽에서부터 물이 흐르면서 왼쪽 칸까지 내려간다. 그래도 이 화장실은 의외로 깔끔한 편이었다.

몽골을 여행할 때는 아예 노상방뇨를 해야 할 때도 있다. 인구 밀집도가 매우 낮은 탓에 화장실 찾기가 하늘의 별 따기다. 이럴 때는 초원의 구석진 곳으로 가서 우산이나 양산을 가리개 삼아 일을 볼 수밖에. 다행히 나의 방광은 잘 참아주어 군이 그런 경험을 할 필요는 없었지만, 실제로 많은 이들이 몽골 여행 중에 그렇게 볼일을 해결해야만 했다. 초원을 달리다 보면, 실제로 길가에서 우산을 방패삼아 볼일을 보는 이들이 종종 보인다. 한번은 차에서 내려 풍경을 찍으려 했는데, 일행이 멀리서 X 표시 하는 것을 보았다. 하마터면 남의 볼일 보는 사진을 찍을 뻔했다.

오지 여행 경험이 많은 편은 아니라, 아직 최악의 상황까지 맞닥뜨린 경험은 없다. 앞으로도 계속 여행을 하고 살아가야 하니 마음의 준비를 하고 있어야겠다. 어디서 어떤 화장실이 또 튀어나올지 모르니.

여행을 많이 다니다 보면 결국 우리나라 화장실에 대해서도 객관적인 평가를 할 수 있게 된다.

우리나라 화장실, 상급입니다! 일단 무료고요! 관리도 잘 되는 편이죠. 오래된 화장실은 별로일 때도 있지만, 새로 만든 화장실은 대부분 쾌적하고요. 휴지와 온수는 좀 복불복이긴 하지만, 그래도 이정도면 상급으로 쳐주겠습니다!

그럼에도 우리나라 공중화장실 문화가 이상한 점도 있다. 우선 외국에선 보기 힘든 휴지통 문화다. 한국의 화장실들이 관리가 안 되고 있다면, 이는 대부분 넘쳐나는 휴지통 오물에서부터 티가 난다. 불쾌하기 짝이 없다. 게다가 '수압이 약하니 휴지는 꼭 휴지통에'라고 적혀 있는 것도 이상하다. 휴지를 째로 넣는 게 아니라면, 똥도 내려가는 변기가 휴지를 왜 못 내린단 말인가. 똥도 휴지도 못 내려갈 정도라면 이게 이미 변기라는 이름으로 불릴 만한 가치가 있는가 싶다.

그런데 우리나라가 휴지통 문화를 잘 못 버리는 데도 나름의 이유가 있는 듯하다. 외국에서는 보통 화장실에서 쓰는 휴지를 '토일렛 페이퍼'라고 칭하며 화장실용 휴지와 일상용 휴지를 구분하는 반면, 우리나라는 왠지 이 두 개를 전혀 구분하고 있지 않다. 토일렛 페이퍼의 경우 물에서 잘 녹지만, 우리나라에서 쓰는 고급 휴지들은 완전히 용해되기까지가 전자에 비해 시간이 걸린다고 한다. 심지어 요즘은 비데용이라고 3겹이니 뭐니 점점 고급 휴지들이 등장하고 있으니, 변기통 밑의 사정도 복잡할 것 같다.

그럼에도 한국 화장실에서 가장 불편한 점은 따로 있었으니, 바로 심각한 불법 촬영 문제다. 여자 화장실 곳곳에 뚫려있는 수많은 구멍을 볼 때마다 노이로제에 걸릴 지경이다. 가급적 확인되지 않은 공간에서 볼일을 보는 일을 피하려고 한다. 이러다 방광염부터 걸리게 생겼다. 요즘은 스티커나 휴지로 구멍이 막혀 있는 경우도 많지만, 이 많은 구멍이 애초부터 왜 있었을까 생각해보면 끔찍하기 그지없다. 화장실에 들어갈 때마다 수많은 구멍이 수십 개의 눈으로 보인다. 화장실에 들어갈 때마다 불법 촬영 구멍이 있는지 없는지 확인하는 것은 매번의 일과이자 스트레스다. 상급 화장실을 갖추면 뭐 하나. 변기 위에 앉아 가장 스트레스 받는 것은 결국 우리나라 화장실이다. 쓸쓸하기 그지없다.

장거리 야간버스가
어때서?

국토가 좁은 나라에서 태어나, 그것도 사실상 섬나라나 다름없는 곳에 사는 입장에서 '장거리 야간버스' 따위를 타보았을 리가 없었다. 서울에서 부산까지 기차로 2시간 반이면 도착하는 시대가 되었고, 버스를 이용해도 4시간이면 닿는다. 조금 교통이 안 좋은 지역이라 할지라도 대부분 반나절이면 충분하다. 전국이 일일생활권 안에서 원활하게 굴러간다.

좁은 국토에서 벗어나 처음으로 야간버스 탈 일이 생긴 것은 일본에서였다. 오사카에 사는 동안 짧은 일정으로 도쿄에 갈 일이 생겼는데, 갈 때는 비행기를 타고 돌아올 때는 야간버스를 이용해보기로 했다. 얼핏 보기에는 저가항공이 야간버스 이용료보다 저렴해 보였는데, 일본이 대중교통비가 비싼 나라임을 고려하면 시내에서 공항까지의 이동 요금도 만만치 않았다. 집에서 간사이공항으로 가는 비용과 또다시 나리타공항에서 도쿄 시내로 나오는 비용을 더하니 야간버스를 타는 것과 그게 그 돈이었다. 비행기 자체의 비행시간은 순식간이었지만, 공항까지 가야 하는 번거로움이 만만찮았다. 게다가 비행기의 경우 낮에 이동해야 하기 때문에 반나절을 싹 다 잡아먹히는 기분이었다.

도쿄에서 오사카로 다시 돌아가는 날, 신주쿠에 있는 야간버스 터미널에 도착했다. 도쿄에서 오사카까지는 버스로 8시간 반 정도가 소요된다.

'제발 옆자리에 덩치 큰 사람만은 앉지 않기를.'

난생처음의 장시간 이동이 부디 편안하게 끝나길 바랐다.

우려와 달리 버스에 올라타니 신세계가 펼쳐졌다.

'뭐야, 완전 안락하잖아?'

한 줄에 좌석 네 개가 있는 버스라서 별다른 기대를 하지 않았는데, 이렇게 완벽한 사생활이 보장되다니! 무려 모든 좌석이 유아차처럼 생긴 것이었다. 이게 무슨 말이냐 하면, 좌석 머리에 유아차 뚜껑(?) 같은 게 달려 있는 것이다. 등은 140도까지 펼칠 수 있었으니, 이 정도면 밤새 잠드는 데 무리가 없을 것 같았다. 다리 받침대도 훌륭하게 올라갔다. 버스에서 제공하는 포근한 담요를 덮고 유아차 뚜껑까지 닫으면 완전한 프라이빗 공간이 완성된다. 옆 사람의 눈치를 보지 않고 편안하게 꿈틀댈 수 있었다. 비행기에서 8시간 반을 버티는 것과는 비교도 안 되는 안락함이었다. 정했다. 앞으로 도쿄에 갈 때는 비행기 말고 야간버스를 타기로.

이날을 시작으로 오사카와 도쿄를 오가는 야간버스를 몇 번 더 이용했다. 콘센트가 있으면 500엔 추가, 화장실이 있으면 500엔 추가, 와이파이가 있으면 500엔 추가 등 필요한 옵션을 선택하는 재미도 있었다.

그 후 몇 번의 체험 끝에 깨달았다. 도쿄와 오사카 구간은 야간버스 이용에 딱 좋은 거리임을. 버스에 올라타 1~2시간 정도 스마트폰을 만지작거리다 서서히 잠이 들고, 밤잠을 실컷 자다가 내리기 1시간 전에 불을 켜주면 기상하기 딱 좋은 시간이다. 이보다 이동 시간이 짧아지면 야간 이동의 의미가 없어진다. 한참 잘 자고 있는데 억지로 깨야 하거나, 일찍 내려 봐야 아무 의미가 없는 새벽 시간에 도착하는 불상사가 일어나기도 한다.

하지만 이 꿀 같은 이동이란 유아차에 앉아서 갈 때나 해당하는 얘기였다. 한번은 연휴 기간과 겹쳐 평소에 이용하던 요금보다 훨씬 비싼 값을 지불해야만 했다. 마음에 꼭 들었던 유아차를 제공하는 버스 회사를 포기하고, 더욱 저렴한 회사의 야간버스를 타보기로 했다. 안타깝게도 이 버스는 한국에서 타던 일반 관광버스보다도 불편했고, 나는 8시간 30분을 고통 속에서 몸부림쳐야만 했다. 옆자리에 아무도 앉지 않는 행운을 누렸음에도 온몸이 배배 꼬일 것 같았다. 이렇게 자본주의의 패배감을 맛보다니. 만약 옆자리에 사람이라도 탔었다면, 내 몸은 그날 새로운 병 하나를 얻었을 것이다.

동유럽을 여행할 때도 어느덧 장거리 버스 신봉자가 되어 있었다. 시설보단 순전히 요금의 영향이었다. 유아차 뚜껑 따윈 없는, 불편하다면 불편한 일반 버스를 이용했다. 좌석은 좁고, 1열에 4인석인 일반적인 버스였다. 이층버스에 화장실이 딸려 있다는 것 빼고는 별다른 특별할 게 없는 버스다. 그런데 요금만큼은 소름 끼치게 저렴한 것이었다. 게다가 일찍 예약하면 예약할수록 파격적인 이용료를 제공했다.

"야, 사이트 다시 확인해 봐봐. 내가 잘 못 본 거 아니지?"

"왜?"

"빈에서 프라하까지 6시간 반 이동하는데, 2명에 4만 원이라고 떠! 심지어 앞좌석 없는 자리!"

"대박이다. 어서 빨리 예약하자!"

이렇게 시작한 대화는 점점 더 놀라움의 연속이었다.

"프라하에서 크라쿠프로 넘어가는 버스는 7시간 반이나 이동하는데, 야간버스가 2만 원이라는데?"

"1인당?"

"아니, 둘이서. 심지어 2층 맨 앞자리 추가 요금 더해서."

"말이 돼? 잘못 본 거 아냐?"

그리고 마지막에는 7시간 동안 크라쿠프에서 부다페스트로 가는 버스까지 2만 6천 원의 가격에 예약했다. 자리가 좀 불편하면 어떠랴, 아직 젊은 나이에 이 정도 가격이면 기꺼이 허리를 불사를 수 있었다.

일본에서 탄 유아차 모드의 야간버스야 워낙 안락했으니 장시간 이동에 별다른 문제가 없었다. 하지만 이번엔 돈에 눈이 멀어 안락함을 포기했기에 기꺼이 그 불편함을 감수할 수밖에 없었다.

　"생각보다 괜찮은데?"

　모든 버스를 탈 때, 이 소리를 하면서 탑승했다. 그렇지만 버스에 오래 앉아 있는 것은 생각보다 큰 피로를 동반하는 일이다. 앉아서 잠만 자고 있다고 에너지를 충전하고 있는 게 아니었다. 불편한 버스에서는 어쨌거나 에너지를 열심히 쓰고 있는 중이다. '그래도 밤잠은 편하게'라는 모토 하에 친구와 나는 가능하면 버스 이동은 낮에 하기로 했다. 하지만 일정상 야간 이동을 피할 수 없는 구간이 있었으니, 바로 체코의 프라하에서 폴란드의 크라쿠프로 넘어가는 구간이었다.

　여행지와 여행지 사이에서 야간 이동을 하게 되면, 어쩔 수 없이 중간에 한번은 샤워할 곳을 찾아야 한다. 다행히 프라하역에 샤워시설이 있어 무사히 샤워까지 마치고 나온 후, 야간버스에 탑승했다.

　"앞이 완전 탁 트였네!"

　잘 트였다. 트였으나 지금은 밤 12시. 이층버스 맨 앞에 앉았으나 전망을 전혀 감상할 수가 없었다. 아무것도 볼 게 없었던 나는 얼마 지나지 않아 곯아떨어졌다. 물론 자리가 너무 불편해서 여러 번 자다 깨길 반복할 수밖에 없었다. 다리를 접어도 보고 애매하게 펴기도 해봤지만, 결론적으로 유아차 야간버스가 제공하는 안락함의 반의반도 연출할 수 없었다.

"퍽!"

옆에서 퍽 부딪히는 소리가 나서 눈을 떠보니, 친구는 심지어 자다가 유리창에 얼굴을 박기까지 했다.

그런 열악한 상황 속에서도 서서히 잠이 들었고, 이어 아침 해가 밝아왔다. 멋진 조망권을 획득했으니 해가 뜨길 얼마나 기대했던가, 그런데….

"망했다. 우리 왜 이 자리 돈 주고 앉았냐?"

"그러게…."

해는 동쪽에서 뜨고 우리는 동쪽으로 간다는 사실을 망각했던 것이다. 더 자고 싶었는데, 더 이상 잘 수가 없었다. 햇빛이 미친 듯이 눈을 찌르고 있었으니. 고통 속에서 몸부림치며 게슴츠레 눈을 떴다. 갑자기 놀랄 만한 풍경이 눈앞에 펼쳐졌다.

"와아…."

유럽 대평원의 나라답게 길게 뻗은 도로 양옆으로 들판이 자리 잡고 있었다. 드문드문 나무들이 솟아 있었고, 그 사이로 이른 아침의 운무가 사르르 깔렸다. 세상에, 요정이 숨어서 춤추고 있을 것만 같았다. 이 풍경을 보려고 이 고생을 했나 보다. 몸이 좀 고생하면 어떠랴, 이런 보상이 있으면 다시 한 번 그 버스를 탈 수 있을 것 같다.

1 7월에 몽골을 여행하는 방법

2 겨울입니다, 에어컨 좀 꺼주세요

3 태풍과의 기싸움

4 사하라사막의 밤

2장

날씨 앞에서 무너지는 여행자

7월에 몽골을
여행하는 방법

　　　　　　　　엄마와 함께 10월에 떠날 해외 여행지를 물
색한 적 있다.

"엄마, 우리 동남아 갈까?"

"그 좋은 계절에 왜 동남아까지 가?"

"그럼 일본 갈까?"

"일본은 많이 갔잖아."

"그럼 중국으로 갈까?"

"…"

"그럼 국내여행 하든가."

"그럴까?"

"아니. 해외 가고 싶어."

동남아는 싫고 일본도 중국도 시큰둥하던 엄마의 반응을 보고 색다른 여행지를 찾아오겠노라 호언장담했다. 그때 새로이 찾아온 게 바로 몽골 패키지 상품이었다.

"이거 봐봐! 가격도 저렴하게 나왔어! 엄마도 좋아할 것 같아."

엄마는 몽골에 관한 설명을 읽어보더니 몽골이 꽤 마음에 드는 듯했다.

"날씨 한번 알아봐봐."

"응! 알았어."

하지만 '몽골 10월 기온'을 검색한 결과….

'울란바토르의 10월 평균 최저기온은 −4.6도, 평균 최고기온은 8.1도로 우리나라의 초겨울의 날씨를 보이지만….'

뭐? 평균 최저기온이 벌써 영하로 내려간다는 말이야? 그래도 같은 동아시아에 있는 나라인데, 이 정도로 기온 차이가 심하다니….

"엄마, 10월 평균 최저기온이 영하 4도래. 10월에 첫눈이 내린대."

"헤엑. 아서라. 그런 덴 못 간다. 가격이 싼 덴 다 이유가 있네."

"그래도 낮 기온은 영상이니까…."

"안 된다."

그렇게 10월의 몽골 여행이 잠시 수면 위로 올라오나 했더니 순식간에 가라앉았다.

이로부터 2년 뒤, 10월이 아닌 남들처럼 무난한 7월에 몽골로 떠났다. 여행사에서 건네준 준비물 목록에는 패딩을 준비하라는 말이 적혀 있었다. 아니, 아무리 그래도 그렇지 7월에 패딩이 웬 말이야? 짐을 싸다가 겨울에 입고 다니는 무스탕을 챙길까 말까 수십 번을 고민했다. 고민 끝에 속는 셈 치고 무스탕을 캐리어 안에 집어넣었다. 겨울옷의 등장에 순식간에 캐리어가 빵빵해졌다. 으, 공간 차지하는 거 봐! 아무리 생각해도 겨울 점퍼까진 오버인 것 같은데….

　새벽 비행기를 타고 몽골의 수도 울란바토르에 도착했다. 도착하니 새벽 4시. 저녁 9시에 공항에서 저녁을 먹었는데, 새벽 1시에 비행기에서 기내식을 줬고, 이제는 또 5시에 아침식사를 하시란다. 평소 같으면 저녁 9시와 새벽 5시 사이에는 단 한 끼도 먹지 않는데 세 끼나 먹게 되다니. 저를 그만 사육해주세요. 패키지여행의 장점은 밥을 잘 준다는 것이었고, 단점은 밥을 너~무 잘 준다는 것이었다. 첫날부터 사육의 구렁텅이에 빠졌다.

　이른 새벽의 아침식사를 마치고 식당에서 나오니 동이 터 온 도시가 환해졌다. 드디어 울란바토르가 어떻게 생긴 도시인지 눈에 들어왔다. 마주한 울란바토르는 너른 초원 위에 높은 아파트가 들어서 있는 기묘한 풍경이었다. 이곳이 과거에 공산국가였음을 물씬 풍기고 있는데, 오히려 동유럽에서도 쉽게 느껴보지 못했던 이질적인 분위기가 마음에 들었다. 도심 한가운데서도 몽골의 전통 이동식 천막인 게르를 간간이 만날 수 있었고, 고급 아파트와 예쁜 레스토랑이 들어서 있기도 했다. 이질적인 존재들이 모여 조화를 이루는 모습이 썩 마음에 들었다.

이른 아침부터 울란바토르의 대표 관광지인 자이승 전망대에 올라 보기로 했다. 울란바토르 시내 전경이 훤히 내려다보이는 곳이다. 일주일간 몽골 여행을 책임져줄 커다란 승합차에 올라 전망대로 이동했다. 그런데 하늘이 심상치 않아 보이더니 하늘에서 비가 콸콸 쏟아지기 시작했다.

"몽골은 원래 비가 잘 안 오는 나라 아니에요?"

"네. 잘 안 오는데…. 여름엔 가끔 와요."

가이드가 나긋나긋하게 대답했다. 건조기후로 유명한 몽골에 와서 첫날부터 이렇게 쏟아지는 비와 만나다니. 게다가 점점 뭔가가 이상함을 느꼈다. 비가 내린 지 한 시간도 채 안 됐는데, 온 도로가 홍수 상태가 된 것이다. 뉴스에서나 봤지 이렇게 도로에 물이 가득 찬 모습은 처음 봤다.

"이거 괜찮은 거 맞아요? 너무 심한데?"

"네, 괜찮아요."

가이드가 또 나긋나긋하게 대답했다. 이 정도면 거의 수륙양용 자동차 투어를 떠난 것 같은데, 이게 괜찮다고요? 듣자 하니, 몽골은 비가 많이 안 오는 나라다 보니 도로에 배수 시설이 제대로 갖춰져 있지 않단다. 그래서 비가 조금이라도 많이 오면 금세 이렇게 물바다가 되는 것이라고.

그렇게 불안한 마음으로 수륙양용 투어를 즐기고 있던 차, 자동차 위로 무언가가 투두둑 떨어지는 소리가 들리기 시작했다. 이게 무슨 소리람? 창문을 열고 밖을 내다보았다. 세상에, 우박이 우수수 떨어지고 있었다. 나로선 난생처음 만난 우박이었다.

"우박 사이즈가 꽤 큰데?"

내 인생의 두 배를 산 엄마에게도 인생 두 번째 우박이란다.

"몽골에는 원래 우박도 자주 내리나요?"

"음, 1년에 두 번쯤?"

가이드가 또다시 나긋나긋하게 대답했다. 1년에 두 번 있는 확률에 당첨되다니, 오히려 행운이라 해야 할지 기가 막힌 타이밍이다. 날씨 상태가 도저히 좋아질 기미가 보이지 않자, 결국 우리는 전망대 관람을 포기하고 울란바토르 인근 초원의 게르 캠프로 이동했다.

이동하는 동안 비가 그치고 파란 하늘이 등장했다. 보이는 것은 온통 초록빛 초원과 파란 하늘뿐이었다. 몽골의 이동식 천막집인 게르는 나의 오랜 로망이었다. 인생에서 꼭 한번은 체험해보고 싶은 특별한 숙소였는데, 울란바토르를 벗어난 여행자들은 높은 확률로 게르에서 묵을 수밖에 없다. 여행자들을 위한 게르 캠프가 곧 여행자들의 숙소기 때문이다.

얼핏 보면 이렇게 집 같아 보이지도 않는 것이 제대로 집 구실을 할 수 있는 것인가 늘 궁금했다. 게르를 만드는데 사용되는 모든 짐을 말에 실어 이동할 수 있다고 하질 않나 최근에는 이곳 사람들도 트럭으로 옮기긴 한다. , 이 큰 게르를 단 30분 만에 뚝딱 만들 수 있다고 하질 않나,

소름 끼치게 추운 몽골의 겨울도 끄떡없이 지낼 수 있다고 하질 않나…. 소문에 의하면 게르의 존재는 거의 판타지 장르에 가까웠다. 게다가 게르 안에는 사람이 살기에 필요한 것은 또 다 갖추고 있다니.

좁다란 문을 통해 게르로 들어오면 겉보기보다 훨씬 넓어 보이는 원형 공간이 나타난다. 여행자 숙소의 경우 조립해체가 가능한 침대가 인원수대로 들어서 있다. 어두컴컴하지 않을까 했지만, 해만 떠 있다면 아주 밝은 채광을 자랑한다. 천장 꼭대기에 창이 있기 때문이다. 밤이 되면 어떡하냐고? 요즘은 게르도 21세기 게르인지라 전기도 들어오고 콘센트도 다 있다. 걱정하지 마시라. 밤에는 장작불을 지펴 난방한다. 난로의 연기는 천장과 연결되어 있어 밖으로 나가게 되어있다.

게르란 본디 자연 친화적인 숙소인지라, 벽의 역할을 하는 가죽 천을 슬쩍 걷어내면 바로 초원이 있다. 그러니까 그냥 초원 한가운데에서 뚜껑을 덮고 자는 것과 별반 다를 바가 없다. 그 말은 즉…. 벌레들이 들어온다는 얘기다. 파리나 꿀벌이 왱왱거리며 돌아다녀서 식겁했는데, 대부분 원형 천장 꼭대기에서만 돌아다니기 때문에 익숙해지면 외면이 가능했다. 풀벌레도 종종 들어온다. 다행인 것은 그 벌레들의 형체가 그렇게까지는 혐오스럽지 않았다는 것이고, 벌레라면 귀신보다 싫어하는 나조차도 적당히 감내가 가능했다.

초원의 오아시스인 어기호수의 호숫가에서 보낸 게르는 가장 버라이어티한 게르였다. 오지로 간다는 느낌이 들더니, 어느 순간부터 통신망이 아예 먹통이 되었다. 배터리만 잡아먹을 것 같아서 그냥 휴대폰을 껐다. 도착하자마자 얼마 되지 않아 한낮에 비가 세차게 내리기 시작했다. 꼼짝없이 게르 안에 갇혀 침대에서 뒹굴었다. 휴대폰은 이미 먹통이니, 가져온 책이라도 읽기 시작했다. 그 와중에 전기가 수도 없이 들어왔다 나가기를 반복했다. 읽던 책을 내려놓았다.

"할 일이 없네. 낮잠이나 자자."

게르 위로 떨어지는 빗소리와 시시때때로 들리는 천둥소리를 들으며 잠이 들었다.

어기호수에서의 밤잠은 조금 더 힘들었다. 샤워장의 온수 공급 시간이 정해져 있었고, 소문에 의하면 그 온수마저도 물이 졸졸 흘러나와 샤워할 만한 여건이 아니라는 이야기를 들었다. 게다가 화장실 곳곳에 붙어있는 벌레들의 포스가 남달라서 나는 이날 샤워를 포기할 수밖에 없었다.

밤이 되자 비가 다시 내리기 시작했고, 기온이 급격하게 내려갔다. 빨리 불을 지펴야 하는데, 게르 캠프 직원들의 일하는 속도가 영 성에 차지 않았다. 결국 한국에서 챙겼던 무스탕을 꺼내 입고 핫팩을 온 손과 발에 두르고 벌벌 떨면서 빨리 불만 지펴주길 기다렸다. 패딩 챙기란 말이 구라가 아니었군요…. 의심해서 죄송합니다. 오랜 기다림 끝에 장작에 불을 지폈지만, 며칠간의 장마로 잔뜩 수분을 머금은 장작들은 불이 제대로 붙어있기를 거부했다. 붙으면 꺼지고 붙으면 또 꺼지길 반복하던 밤, 핫팩에 의존해 춥고 긴 밤을 버텼다. 7월의 이야기다.

다음날 몽골제국의 수도였던 하라호름에 들렀다. 전날 밤의 추위는 어디로 갔냐는 듯, 이날은 낮 기온이 30도까지 올랐다. 무스탕을 입고 시작했던 아침이었지만, 서서히 봄옷으로, 여름 반소매로, 나는 한 꺼풀 한 꺼풀 탈피하듯 벗어나갔다.

게다가 우리를 나르던 승합차는 에어컨 시설이 부실해 더위를 앓는 강아지처럼 헥헥대며 긴 이동 시간을 버틸 수밖에 없었다. 그나마 포장도로를 달릴 때는 창문이라도 실컷 열어뒀지만, 비포장도로를 달릴 때는 흙먼지의 습격에 창문을 모두 닫아야만 했다.

이날 저녁에는 쳉헤르 온천으로 이동했다. 이곳 또한 휴대폰이 전혀 터지지 않는 오지 중의 오지였다. 몽골에서 흔치 않게 침엽수림을 만날 수 있는 산지이기도 했다. 낮에는 햇빛이 눈이 부시게 쏟아져 내리더니, 해가 지기 시작하자 언제 그랬냐는 듯 날씨가 돌변했다. 오들오들 떨면서 무스탕을 다시 껴입었다. 7월 맞아? 여기 7월 맞냐고!!!

"자, 오늘 밤 춥습니다. 기온이 4도까지 떨어진답니다. 다들 단단히 껴입고 캠프파이어 하러 나오세요."

가이드가 게르 안을 돌아다니며 충격적인 말을 전달했다.

"헉, 4도요…? 빨리 게르 안에 불이나 지펴주세요. 추워 죽을 것 같아요."

하루 안에 사계절을 다 만났다. 낮에는 반소매를 입고 땀을 뻘뻘 흘리다가, 밤에는 무스탕을 껴입고도 오들오들 떨다니. 이것이 바로 일교차 큰 지역의 위엄인가. 오들오들 떨면서도 캠프파이어 앞에 가서 춤추며 엉덩이를 씰룩대니 조금 따뜻해지는 것 같기도 했다.

많은 이들이 몽골 여행을 버킷리스트로 올리는 이유 중 하나는 쏟아질 것 같은 초원의 별이 아닐까? 나도 별구경을 간절히 원했는데, 매일 비가 쏟아지니 아무리 몽골이어도 별이 제대로 보일 리가 없었다.

"여러분, 오늘이에요. 하늘에 구름도 별로 없고, 오늘이야말로 별을 보셔야 합니다."

추워서 죽을 것 같았지만, 이왕 온 김에 할 건 다 하고 볼 것도 다 봐야 했다. 7월에 떠났으나 추운 겨울 노천욕 즐기듯 온천탕에서 푸근하게 별을 바라보았다.

"밤에 별 보러 언덕배기까지 올라갈 사람 있어요? 불빛이 아예 없는 곳에 가야지 별이 더 잘 보인다고요."

보조 가이드가 별을 보기 위해 이미 운전기사를 섭외해놓았다는 소식을 소곤소곤 알렸다. 기존 패키지 일정에 없는 내용이니 조용히 하라는 당부까지 했는데, 이렇게 책에 공개까지 하게 되어 조금 죄책감이 든다. 10명 정도가 모인 밤 12시, 영상 4도의 여름. 언덕 위로 올라가 돗자리를 깔고 별 아래서 한껏 떠들며 웃다 내려왔다. 몽골에서 별을 본 것은 이날이 처음이자 마지막이었다. 다음날도 먹구름, 그 다음날은 세찬 비가 또 내렸으니까.

테를지에서 묵은 마지막 게르는 영상 15도의 비교적 포근한 밤과 함께했다. 게르 안이 홧홧해지니 사우나가 따로 없었다. 이날 엄마는 애써 직원이 붙여준 불을 끄고 자느라 애를 먹었다. 소문에 의하면 내가 자는 동안 화장실에서 물을 길어오고 별짓을 다 했단다.

겨울입니다,
에어컨 좀 꺼주세요

대만 동부에는 높고 멋진 산들이 즐비해 있다. 엄마와 나는 타이루거 협곡을 돌아보는 일일투어에 다녀오는 중이었고, 때는 12월 저녁이었다. 밖에는 비가 추적추적 내리고 있었다. 꽤 쌀쌀했다. 그런데 이 버스는 왜 에어컨을 켜고 다니는 걸까?

'여행 최적기'라는 말을 좋아한다. 사람의 심리란 것이 그렇지 않은가. 이왕 가는 거 날씨 좋은 계절에 가고 싶은 게 사람의 마음이다. 더위와 추위를 모두 싫어하기도 하지만, 왠지 좋은 계절을 누리지 못하면 손해 보는 기분이 들었다.

나의 첫 책 『지리 덕후가 떠먹여주는 풀코스 세계지리』가 세상에 나왔을 때, 가장 많은 독자들이 반응을 보인 곳도 바로 이 부분이었다.

'많은 사람이 동남아 여행지를 고를 때 쉽게 착각하곤 한다. 여름에 떠나는 적도 여행은 얼마나 고통스러울까! 그렇지 않아도 연간 더운 곳인데 여름엔 얼마나 더 더울지 생각만 해도 끔찍하다. 그러니 그나마 우리나라랑 가까운 홍콩이나 대만이 낫겠거니 하고 홍콩과 대만으로 떠나버린다. 완벽한 판단 미스다. 여름엔 적도보다 대만이 더 덥다. 왜냐하면? 태양이 북회귀선에 있기 때문이다.'

대만은 완전히 북회귀선에 걸쳐있는 나라다. 이 파트를 읽고 많은 독자들이 본인의 경험이 생각나 웃음이 터졌단다.

"여름에 대만 갔을 때 정말 더워 죽을 뻔했는데, 다 이유가 있어서 그랬구나!"

그러면서 지리 덕후인 나의 여행은 또 어떻게 다를지 궁금하다고 했다. 그렇지만 나는 지리 상식을 들먹이다 정반대의 경험을 했는데, 한번 들어보시렵니까.

대만의 여름이 못 버틸 만큼 덥다는 사실을 알고 있는 나는 대만만큼은 절대 여름에 가지 않겠노라 다짐했다. 타이베이의 겨울 날씨가 보통 10도 대에 머무르고, 낮에는 20도 위로도 오른다는 사실을 알아냈다. 이 정도면 겨울 여행지로 충분할 것 같았다. 12월에는 보통 최고기온이 21도, 최저기온은 15도라는 사실도 확인했다. 12월 초에 여행할 예정이었기에, 우리나라 4~5월 날씨와 대충 비슷하겠다는 결론이 섰다. 그랬는데….

본격적인 여행 첫날, 영화 「말할 수 없는 비밀」의 촬영지로 유명한 단수이에 도착했다. 단수이는 타이베이 근교의 인기 여행지로, 일찍이 외국에 개방했던 항구도시기에 이국적인 정취를 느낄 수 있는 곳이다. 영화 속에서 샤오위와 샹룬이 데이트를 했던 것처럼 햇빛을 누리며 아기자기한 산책을 할 수 있을 거라고 생각했다. 그런데 이놈의 날씨가 점점 심상치 않았다.

"엄마, 추워. 바람이 너무 세."

배를 타고 건넛마을인 빠리에 갔을 때부터는 이미 내가 상상한 대만 여행의 그림이 아니었다. 하늘은 점점 구름으로 둘러싸여 해가 전혀 보이지 않게 되었다. 유명하다는 초록홍합요리를 먹고 나온 후부터 날씨가 완전히 제정신이 아니었다. 유일하게 챙겨갔던 봄철 재킷을 굳게 여몄다.

"지금 기온은 15도에 바람이 초속 4m라는데, 아닌 것 같지 않아? 이게 어떻게 15도야? 체감기온은 7~8도에 초속은 8m인 것 같은데?"

평소 여행자의 발길이 잘 닿지 않는 동네 산책을 즐기는지라 빠리에서도 여유롭게 동네 구경이라도 좀 하려 했더니, 채 몇 분을 걷지 못하고 선착장으로 돌아갈 수밖에 없었다. 온 동네가 을씨년스러웠고, 찬 공기와 거센 바람 탓에 뺨이며 두 손은 제 의지와 상관없이 꽁꽁 얼어 있었다.

"서울에 있을 때보다 지금이 더 추운 것 같아. 그냥 한국에서 입던 옷 그대로 입고 올 걸."

이 추위에 봄옷 하나만 여미고 있는 꼴이라니, 어떡하지? 상의며 하의며 지금 입고 있는 옷이 내가 가진 가장 두꺼운 옷인데….

"일주일 내내 이 옷만 입어야 하는 거 아니야?"

"그럴지도 모르겠네."

그리고 말이 씨가 되었다. 정확히 말하면 일주일 중 하루 이틀 정도만 다른 옷을 입을 수 있었고, 나머지는 똑같은 옷을 입을 수밖에 없었다. 정말 이틀만 빼면 죄다 추웠으니까!!! 낮 기온이 20도 이상이라는 말에 혹시나 몰라 챙겨왔던 반소매 옷을 볼 때마다 말도 안 되는 걸 챙겨왔다 싶었다.

"다음 스케줄은 뭐야?"

"워런마터우 다리에 가서 일몰을 감상해야 해."

"이 날씨에?"

엄마가 하늘을 가리켰다.

"아…."

"구름이 저렇게 잔뜩 꼈어 해고 뭐고 아무것도 안 보일 텐데."

일단 여기까지 오긴 왔으니 가기는 갔다. 그리고 정말 일몰이고 뭐고 아무것도 볼 수 없었다. 대신 스타벅스에 들어가 따뜻한 차나 마시며 몸만 실컷 녹이다 돌아왔다. 「말할 수 없는 비밀」에서 그토록 평화로워 보이던 아열대 도시 단수이는 우습게도 내 인생에서 가장 추웠던 여행지에 등극했다.

다음날부터는 비까지 쾰쾰 내리기 시작했다. 여행지에서 이렇게까지 거센 비를 만나다니. 우리나라 장마철에나 만날 법한 비였다. 비가 온다고 숙소에서만 처박혀있을 수는 없는 법. 전날과 똑같은 옷을 챙겨 입고 타이베이 시내 관광을 시작했다. 전날과 단 하나 다른 점이 있다면, 전날은 운동화를 신었고 이날은 슬리퍼를 신었다는 점이었다. 동남아 휴양지도 아니고, 12월의 타이베이에 슬리퍼를 신고 돌아다니다니. 심지어 이 추운 날씨에! 하지만 폭우 속을 걸어 다닐 예정이었기에 운동화를 신고 나갔다가 신발이 쫄딱 젖는 경험은 하고 싶지 않았다.

"엄마, 여기 망고빙수가 유명하다던데."

"얘가 미쳤나, 이 날씨에 망고빙수는 무슨 얼어 죽을 망고빙수."

결국 대만에 일주일이나 머물러놓고 망고빙수 맛 한 번 보지 못하고 돌아왔다.

다음날은 한국에서 예약해두었던 타이루거 협곡 일일투어를 다녀오는 날이었다. 이날도 타이베이에는 여전히 비가 내리고 있었고, 제발 동부 지방에 도착하면 거기라도 비가 멎어 있기를 기도하고 있었다.

결론적으로, 이날 타이루거 협곡 투어를 간 것은 잘한 일이었다. 온종일 비가 오던 타이베이와 달리 동부 지역은 비가 부슬부슬 오다 말다 반복했기 때문이다. 우비를 입고 다니긴 했지만, 충분히 감안할 수 있는 정도였다. 문제는 돌아오던 버스 안이었다. 협곡에서 타이베이로 다시 돌아오려면 버스로 4시간 정도가 소요된다. 투어가 끝나고 해가 진 저녁, 비는 부슬부슬 오고 기온은 뚝 떨어졌다. 그런데 왜, 이 버스는, 에어컨을 켜고 있는 것일까요?

"에어컨 좀 꺼주세요. 너무 추워요."

참다못한 한 손님이 오들오들 떨며 클레임을 걸었다.

"안타깝지만 끌 수 없습니다. 조금만 참으세요."

가이드의 단호한 말이 이어졌다.

"아니, 왜요?"

"에어컨을 끄면 유리창에 성에가 생겨서 운전을 못 해요. 추워도 조금 참아주세요."

아니, 이건 또 무슨 소리람? 엄마와 내가 머리를 맞대고 이해한 결과는 다음과 같다. 비가 오는 날엔 차량 내부에 습기가 많이 차기 때문에, 습기 제거를 해줘야 성에가 끼지 않는다. 보통 에어컨을 켜면 내부 습도가 내려간다. 하지만 긴 겨울이 존재하는 우리나라의 경우, 전면 유리창에 에어컨 바람을 켜고는 차내 자체에는 히터를 통해 훈훈한 실내 온도를 유지할 수 있다. 후면 유리창은 자체 열선을 통해 성에를 제거한다. 그렇지만 겨울이 짧은 대만은 히터 기능이 제대로 없는 것이 아닌가 싶었다. 그래서 춥다고 에어컨을 끄면 유리창에 성에가 껴버리는 진퇴양난이 펼쳐지는 것이다. 아아…. 그렇다. 여름이 길고 겨울이 짧은 나라는, 여름에 방문하면 더워 죽고 겨울에 방문하면 추워 죽는다. 겨울이 객관적으로 추워서 그런 게 아니라, 겨울을 대비하지 않고 '버티기' 때문에 춥다.

하지만, 추위 탓에 가장 서러웠던 기억은 첫날의 단수이도, 겨울비를 맞으며 돌아다니던 둘째 날도, 타이루거 협곡을 다녀오던 12월의 에어컨도 아니다. 바로 숙소였다. 우리나라처럼 따뜻한 온돌 시스템은 바라지도 않았지만, 원체 겨울이 짧은 나라라 히터가 영 제구실을 못하는 것이었다. 히터에서는 오히려 찬바람이 나오고 있었다. 어쩌면 고온 설정이 가능한 에어컨이었을지도 모른다. 건물 자체의 단열기능도 부실했다. 따뜻한 물로 샤워가 끝나면 후다닥 이불 속으로 들어가는 것만이 도리였다. 물론 가져온 옷을 여러 벌 껴입고 외투까지 모두 입고 잤다. 결국 밖에서도 안에서도 일주일 가까이 똑같은 재킷 하나로 버틴 셈이다. 편의점에서 사온 핫팩을 소매 안에 집어넣고, 일회용 마스크까지 장착한 후에야 따뜻하게 잠자리에 들 수 있었다.

 마지막 날에는 햇빛이 나서 평소보다 살짝 가볍게 입었다. 그리고 대만이 자랑하는 국립고궁박물관에서 4시간짜리 해설 투어 시간을 가졌다. 그러나 또 추위에 떨어야만 했다. 아아…. 실내에서 에어컨을 끌 줄 모르는 나라임을 잠시 까먹은 대가다.

태풍과의 기싸움

　　　　　　"오늘 콘서트는 그대로 하고, 내일 콘서트는 취소되는 거 아니야?"

"글쎄. 이 시간까지 따로 공지가 없었으니까 내일도 한다는 거 아닐까? 적어도 오늘 공연 중에는 얘기해 주겠지!"

　때는 9월, 이곳은 후쿠오카. 친구들과 이틀간의 콘서트 관람을 위해 왔으나 불안이 엄습했다. 태풍 예보가 뜬 것이다. 태풍은 오기 직전까지 그 규모를 예측하기 힘들다. 공연 주최 측에서도 다음날 공연을 취소할 것인지 말 것인지 예보를 주시하고 있음이 분명했다. 여느 때처럼 굿즈를 사기 위해 긴 줄을 섰는데, 햇살이 너무나도 뜨거워 태풍을 앞둔 9월의 하늘이라고 믿기가 어려웠다.

　몇 시간 후, 콘서트를 신나게 관람하고 잔뜩 흥분한 상태로 회장을 나왔다. 게다가 공연 중에 다음날 콘서트 취소 소식이 전해지지 않아 내일의 공연도 잔뜩 기대하고 있었다.

"와, 오늘 진짜 대박이지 않니? 연출 봤어? 어?"

"진짜 대박…. 어, 잠시만."

사람들이 모여 뭔가 웅성거리는 모습이 보였다.

"내일 공연은… 태풍으로 인하여 취소되었습니다… 추가 공연 예정은 없습니다…?"

출입구 한가운데 덩그러니 쓰여 있는 안내문. 모두 당황한 눈치였다.

"아니, 이걸 왜 지금 여기서 말해?"

불과 5분 전, 밤에 한국으로 돌아가는 비행기 티켓을 취소한 친구가 가장 당황하며 화를 냈다. 그는 이날 저녁과 다음날 저녁에 출발하는 항공권 두 개를 예매해두고 공연이 취소될지 말지 간을 보던 중이었다. 다른 나라까지 콘서트 보러 와서 공연을 취소당한 것도 억울한데, 스케줄이 꼬여도 단단히 꼬였다. 희망 고문이라도 시키지를 말지! 일찍 발표라도 해주지! 아아, 역시 9월에는 콘서트를 보러 오는 게 아니었는데…. 이놈의 일본은 태풍이 왜 이렇게 자주 오는 거야?

다음날 저녁, 돌아가지 못하고 할 일 없이 남은 두 명만이 게스트하우스 안에 갇혀 요란하게 태풍 치는 광경만 바라보고 있었다. 건물 앞에 있던 화분은 넘어져 깨지고 자전거도 우르르 쓰러졌다. 세찬 바람에 건물이 흔들렸다.

"콘서트 취소하길 잘했네요."

"응, 그러게."

전날엔 줄 서면서 쬈던 직사광선에 내 목은 화상을 입었던데…. 정말 날씨란 종잡을 수가 없다. 예전에도 이런 비슷한 일이 있었는데, 뭐였더라. 바람이 세게 부딪히는 소리를 들으며 침대에 누워 그때를 회상했다.

날씨 탓에 여행을 망쳐본 경험은 누구에게나 쉽게 일어날 수 있는 일이다. 여행지의 날씨가 예상보다 춥고 더운 것은 물론, 여행 기간 내내 비만 쏟아져 여행을 망치는 일도 부지기수다. 문제는 이것을 떠나기 전엔 예측하기 어렵다는 점. 해외여행을 보통 하루 이틀 전에 생각하고 떠나는 건 아니기 때문이다. 그래도 나는 가능한 잔머리를 열심히 굴려서 떠난다. 가능하면 여행지의 계절별 최적기를 고른다. 날짜가 다가오면 일기예보를 보고 일별 스케줄을 요리조리 다시 배치해본다. 학교의 지원을 받아 6명의 학우와 함께 도쿄로 해외 탐방을 떠났던 그때도 마찬가지였다.

"어? 언니! 우리 목요일 하코네 가는 날 아니에요?"
"응, 맞아."
"목요일 오후부터 태풍 온다는데요?"

뭐라고…? 학교의 자산으로 여행을 떠나기 위해(?) 얼마나 많은 리포트와 발표라는 고난을 겪고 겨우 합격해서 온 건데, 태풍이라고? 심지어 하코네 가는 날이라고? 안 돼! 하코네엔 꼭 놀러 가야 한단 말이야!

어떻게 학교의 자산으로 하코네에 놀러 가냐고 물으신다면, 우리의 탐방 주제가 '일본의 환경과 역사 문제'였음을 미리 알린다. 하코네는 험준한 산세에 둘러싸인 곳인데, 연기를 내뿜는 활화산과 유황온천으로 유명하다. 쉽게 말하면 관광지라 이거다. 최근 들어 자주 일어난다는 하코네의 지진과 화산 분출, 방사능 오염 소문 등을 명목으로 골랐다. 억지다 이겁니까? 아, 뭐요. 이런 맛도 있어야죠!

"태풍 큰 거 온대?"

"모르죠."

역시 태풍의 규모는 오기 전까지 어찌 될지 알 수 없는 상황. 정신을 차리고 다시 스케줄 표를 펼쳤다. 오후 일정이 없는 날을 목요일로 옮기고, 대신 하코네는 일요일로 옮겼다. 하코네를 주말에 가는 상황만큼은 피하고 싶었건만, 태풍을 피하려면 별수 없었다.

태풍이 온다는 목요일에는 오전엔 도쿄방재청에서 운영하는 방재교육센터를 들렀다가 점심엔 그 이름도 유명한 야스쿠니 신사에 갔다. 오후부터는 태풍이 올 예정이니까 자유시간! 일기예보를 보니 태풍이 세지는 않을 거란다. 그래도 걱정은 되었지만, 태풍을 만나더라도 태풍이 온 다음에 고민하고 싶었다. 왜냐하면 무려 이 해외 탐방이 나에겐 첫 도쿄 여행이었기 때문이었다. 누구도 나의 탐험 욕구를 꺾을 수 없었다! 오후 시간을 보낼 곳으로 지유가오카를 골랐다. 지유가오카는 아기자기한 상점이 많은 부촌이다. 지유가오카에서 마음을 졸이며 시간을 보내고 있었다. 오후 5시쯤, 조금씩 센 바람이 불기 시작했다. 바람에 등이 떠밀리고 있었다.

"헉, 이제부터 시작인가!"

두근두근. 그리고 약 15분 후, 태풍이 끝났다.

응? 태풍이 이리 허무하게 끝나다니? 그저 조금 센 바람만 몇 분 불다가 끝이 났다. 이럴 수가. 하코네 갔어도 될 뻔했다. 그래도 별 탈없이 끝났는데 뭐가 불만이냐고요? 별 탈이 있었으니까 불만이죠!

하코네를 가기로 한 일요일이 되었다. 하코네를 가려면 마음을 다잡고 가야 한다. 도쿄랑 묶어서 갈 수 있는 근교 여행지 중에 시간과 비용 면에서 가장 높은 난이도를 자랑한다. 신주쿠에서 하코네까지 쾌속급행 열차로 한 시간 반 이상이 걸리며, 프리패스 교통 티켓을 이용하더라도 최소 5,000엔대 정도는 교통비로 잡아야 하는 셈. 학교에서 지원해 줄 때 가고 싶다는 마음이 괜히 생긴 게 아니었다.

솔직히 놀러 나가는 마음으로 꽃단장을 하고 나섰다. 오전에 하코네 미술관에서 이끼 정원을 산책할 때까지만 해도 모든 것이 순조로웠다. 하코네는 산세가 험해 정해진 교통수단을 이용하지 않으면 관광이 힘들다. 그러다 보니 이동 코스도 어느 정도 짜여 있는 편. 가장 유명한 관광지인 오와쿠다니 분화구로 가기 위해 먼저 모노레일을 탔다. 갑자기 비가 내리기 시작했다. 보슬보슬 내리는 비에 조금 당황하긴 했지만, 이 정도 빗속에서는 충분히 여행할 수 있었다. 그러나 문제가 생겼다. 별 거 아니라고 생각했던 비가 순식간에 거세지기 시작한 것이다. 오와쿠다니로 가기 위해서는 웅장한 계곡 위를 케이블카로 이동해야 하는데, 케이블카를 타니 앞이고 바닥이고 뭐고 전혀 보이지 않기 시작했다. 비가 폭풍우로 돌변한 것이다.

"와, 이게 무슨 일이야? 얘들아, 이게 무슨 일이니? 응?"

오와쿠다니 분화구 앞에 도착했을 때는 역시나, 어이가 없게도 아무것도 보이지 않았다. 어릴 적부터 정말 이곳에 와보고 싶었는데, 왜 여기에 왔는데도 아무것도 보지를 못 하니! 왜! 조금 더 앞으로 나아가보려 했지만, 뭐가 보여야 나아가지. 유황 가스를 뿜는 활화산에서 앞이 보이지 않는 채로 걷는다는 것은 아무리 생각해도 무리수였다. 학교 돈으로 왔으니 증빙 사진은 찍어야 한다. 우리 7명은 아무것도 보이지 않는 오와쿠다니 간판 앞에서 비바람을 맞으며 증빙 사진을 찍어야만 했다. 눈으로는 빗물이 들이치고, 입은 바람 때문에 머리카락을 먹느라 혼났다.

날씨가 이러니 그냥 모든 일정을 취소하고 족욕탕에나 들어가서 쉬면 좋았을 텐데, 앞서 언급했듯이 하코네는 한번 들어가면 루트가 거의 정해져 있다. 우리는 이곳을 빠져나가기 위해서 다시 케이블카를 타야만 했다. 그새 더욱 요란해진 비바람 속에서 벌벌 떨었다. 밑도 끝도 안 보이는 계곡 위를 또 지나야 한다니. 정말 한 치 앞도 보이지 않았고, 케이블카마저 세찬 바람을 맞아 흔들리고 있었다.

"지금 오는 거야말로 태풍 아니야?"

아니란다. 이건 태풍이 아니란다! 어떻게 봐도 이쪽이 더 태풍 같은데! 보이지도 않는 계곡 위에서 케이블카가 추락해 떨어져 죽는 상상을 3초 동안 해보았다. 괜히 불안해져서 일본의 기술력만을 믿어보기로 했다. 다행히 그때 떨어져 죽지 않아 이 글을 쓰고 있다.

케이블카에서 내리면 끝인 줄 알았는데, 또 한 번의 복병이 있었다. 바로 유람선 탑승이다. 이 상황에 유람선까지 탑승해야 한다니. 원래 계획대로였다면 3,000년 전 화산 폭발로 만들어진 칼데라호 위를 유유자적 떠다닐 유람선이다. 이 호수에서는 날이 좋은 날은 후지산까지도 보인단다. 나도 운이 좋아서 후지산을 보는 상상을 하면서 왔다. 왔는데…. 후지산은 개뿔, 코앞에 친구 얼굴 말고는 아무것도 안 보인다. 분명히 관광코스인데 관광과 거리가 먼 생존 체험을 하는 중이었다. 그저 전철역까지 되돌아가기 위해서 별의별 교통수단을 다 체험하고 있었다.

유람선에서 내리니 이번엔 버스 이동이 기다리고 있었다. 만원 버스는 폭풍우 속을 뚫고 역 근처까지 우리를 데려다주었다. 케이블카와 또 다른 목숨을 건 짜릿함이었다. 이런 짜릿함은 안 겪고 싶었습니다만.

"하아, 겨우 도착했네. 이제 어떡할까? 그래도 하코네에 왔으니 저렴한 데서 족욕이라도 하고 갈래? 어떡할래?"

"하아, 그냥 도쿄로 돌아갑시다…."

"그래…. 사실 나도 그렇게 생각했어."

팀원들은 만장일치로 도쿄로의 귀환을 원했다. 이미 비바람을 뚫고 오며 온갖 고생은 고생대로 했기 때문에 아무것도 하고 싶지 않앉던 것이다.

"우리 어쩌다 이렇게 됐지? 태풍 피하려고 날짜 옮겼잖아."

그러게 말이다. 태풍을 피하려고 날짜를 옮겼는데, 우리의 하코네 일정은 왜 이렇게 되었을까?

사하라사막의 밤

많은 사람들이 아프리카 대륙에 대해 내가 다 서러울 정도로 숱한 오해를 하곤 한다. 아프리카는 일 년 내내 덥다 아님, 아프리카에는 초원과 사막뿐이다 이것도 아님, 아프리카에는 대도시가 없다 물론 아님, 아프리카 사람은 당연히 흑인이다 당연히 아님, 심하면 아프리카가 대륙이 아닌 나라 이름인 줄 알기도 한다. 내가 아프리카 출신이었다면 억울하고 서러워서 땅을 쳤을 것 같다. 게다가 아프리카는 세계에서 두 번째로 큰 대륙이다. 2D 지도에서는 면적의 왜곡이 심하므로 실제 아프리카는 당신이 생각하던 것보다 훨씬, 정말 아주 훨씬 더 크다. 못 믿겠으면 지구본이라도 한번 돌려보고 다시 오시라. 지구본이 없으면 구글맵스 지구본 모드라도. 이렇게 큰 대륙에 걸쳐있는 지역이 다 똑같을 리가 없다.

그중 사하라사막에 대한 오해와 편견도 나열하자면 끝이 없다. 북아프리카 전역에 걸쳐 있는 사하라사막은 일단 더럽게 크다. 사막이 아무리 크다 한들 얼마나 크겠냐고요? 사하라사막이 오세아니아 대륙보다 한참 크다면 믿으시겠어요? 유럽 대륙과 맞먹는 크기라면요? 심지어 러시아를 빼면 사하라가 훨씬 더 크다고요. 우리가 그렇게 크다고 하는 중국과도 맞먹는 크기랍니다. 열거한 내용은 모두 사실이다. 나는 이 넓은 사하라사막 중에서도 아주 작은 일부분을 보고 왔다. 아프리카 대륙 북서쪽에 있는, 대서양과 지중해를 모두 품은 나라, 모로코에 다녀왔다. 사하라사막을 품고 있는 많은 나라 중 하나다.

모로코에는 여행자를 설레게 할 키포인트가 수도 없이 많다. 오랜 역사를 간직한 중세 이슬람 도시, 색색의 컬러풀한 도시 전경들, 그럼에도 아마 여행의 하이라이트는 사하라의 모래사막으로 가는 여정일 테다. 여기서 또 사하라사막의 오해와 편견 하나를 더 정정해본다. '사하라사막'이라고 하면 어떤 모습이 상상되는가? 너나 나나 옆집 애나 윗집 개나 다 넓게 펼쳐진 모래사막을 떠올릴 테다. 그런데 사하라사막의 단 20% 정도만이 모래사막이다. 출처에 따라 10~25% 사이를 넘나들긴 하지만, 어쨌거나 사하라사막의 절대다수는 모래사막이 아니란 얘기다. 그럼 사하라사막의 대다수는 무엇이냐고? 모래가 아닌 암석으로 이루어져 있다.

모로코에서 사하라 투어를 가게 되면 보통 마라케시에서 시작해 이틀에 걸쳐 사하라의 모래사막으로 들어가게 된다. 마라케시에서 시작한 여행은 아틀라스산맥을 넘으면서 본격적인 사하라 지대로 들어서게 되는데, 이때 흙으로 만들어진 마을이나 멋진 암석이 펼쳐진 협곡을 찍고 가게 된다. 이 경로가 모두 사하라의 일부다. 하지만 우리의 환상은, 누구나 그렇듯 이미 모래사막에 가 있다. 아무리 그 앞에서 본 암석 덩어리가 사하라의 일부라고 해도 진짜 모래사막을 보기 전까지는 사하라에 왔다는 실감이 들지 않는다. 지금부터 펼칠 이야기는 사하라의 모래사막으로 가기 위한 여정이다.

　마라케시에서 출발한 버스는 아틀라스산맥 위를 뱅글뱅글 돌고 있었다. 사하라의 모래사막으로 가기 위해서는 산맥을 꼭 넘어야 하기 때문이다. 1월에 찾은 아틀라스산맥의 곳곳에는 눈이 쌓여있었다. '아프리카에도 눈이 내리나요?'라고 묻고 싶어졌다면, 다시 한 번 아프리카에게 편협한 시각으로 바라보아서 미안했다고 사과하자. 아틀라스산맥은 최고봉이 4,000m가 넘을 뿐더러 산맥의 평균 높이가 2,000m로 상당한 높이를 자랑한다. 산맥의 암석이 그대로 드러난 기이한 장면을 구경하다 보니, 기나긴 이동 시간이 그리 지루하지만은 않았다. 어쩌다 버스에서 내렸을 때는 세찬 바람이 온몸을 강타했다. 1월의 아틀라스산맥은 만만한 상대가 아니었다. 햇살이 드는 곳은 그럭저럭 따뜻했지만, 그림자 안으로 들어가면 기가 막히게 추웠다.

　본격적인 사하라 지역으로 들어오면 더욱 신나고 이색적인 공간이 펼쳐진다. 신비로운 사막 마을 아이트벤하두는 마을 전체가 흙으로 지어졌다. 주변 경관과 끝내주게 잘 어울리는 이 작은 마을은 숱한 헐리우드 영화의 배경이 되기도 했다. 특유의 신비로움은 일몰 때 극에 달한다. 마을 전체가 황금빛으로 물들기 때문이다. 이튿날에는 기묘한 바위들이 줄지어 있는 다데스 협곡과 웅장한 바위산 사이에 유유자적 개울물이 흘러가는 토드라 협곡과 만났다. 누가 보아도 감격할 광경이지만, 이 또한 역시 모래사막으로 가는 과정일 뿐이었다. 이튿날 오후가 되어 드디어, 모래사막인 메르주가에 도착했다.

아, 모래사막이다! 사하라의 모래사막과 마주하니 지리 덕후의 여행 인생에 희열이 느껴졌다. 모래로 뒤덮인 능선이 고고히 자리해 있었다. 끝없이 펼쳐진 모래언덕 속에서 내가 지구를 탐험하는 여행자라는 감각이 뼛속 깊이 새겨졌다. 자연의 경이로움 속에서 나는 보잘것없는 하나의 인간이었고, 붉은 태양과 고운 모래 사이로 겸허히 들어섰다.

사막의 베르베르인들처럼 스카프를 머리에 칭칭 감았다. 현지인 포스가 흐르기 시작하니 벌써부터 사막에 동화된 기분이다.

"차례차례 낙타 위로 올라타세요."

겁 없이 낙타 위로 올라갔다. 낙타가 벌떡 일어섰지만 당황하지 않았다. 아가야, 너는 내 인생 첫 번째 낙타가 아니란다. 몽골에서 이미 낙타 한번 타봤다고 조금 더 익숙한 척 뻗대보았다. 사하라의 유목

상인들처럼 낙타행렬이 줄줄이 이어졌다.

"와, 지선이 얘는 낙타 위에서 잘도 사진 찍네."

아빠가 희한하다는 듯이 말했다. 한 손으로만 안장 손잡이를 잡고 다른 한 손으로는 열심히 카메라 셔터만 누르고 있으니 딸내미의 새로운 장기라도 발견한 모양이었다.

낙타에서 내려 두 발로 사막의 능선을 밟아보았다. 무척이나 부드럽게 사르르 밟혔다. 그 위를 밟고, 뛰고, 뒹굴기를 한 차례. 태양의 각도가 서서히 내려가기 시작했다.

"와."

태양이 서서히 기울면서 사막의 모래가 황금빛으로 물들기 시작했다. 그저 멍하니 바라보고만 있어도 황홀한 광경이었다. 두 눈을 끔뻑이며 고운 모래 속을 뒹굴었다. 태양 빛은 따사로웠고, 완벽하게 아름다웠다.

"해가 지고 있어요. 이제 숙소로 돌아가야 해요."

해가 점점 능선 아래로 떨어지자, 사막에도 서서히 어둠이 깔리기 시작했다. 사막의 숙소로 돌아가는 낙타의 발걸음이 괜히 아쉽게만 느껴졌다.

숙소는 모래사막 안에 있는 보기 드문 호텔이었다. 객실 내 모든 소품과 인테리어가 아랍풍으로 멋지게 장식되어 있었다. 모로코의 사막에 묵는다는 이색적인 기분을 한껏 즐길 수 있는 숙소였다. 보통은 호텔 대신 천막 형태로 생긴 베이스캠프를 숙소로 사용하는 경우가 더 많은데, 겨울이라 지금은 운영하지 않는다고 했다. 추워서 밤에 버티기 힘들단다. 사막이 밤에 추워 봤자 얼마나 춥겠냐고 의심했다면, 의심을 좀 거두어 주시라. 기본적으로 사막은 건조하기 때문에 하루의 기온 차가 훨씬 크다. 게다가 이곳에도 겨울이 있다. 그 말은 즉? 낮에는 어느 정도 따뜻해져도 밤에는 당연히 춥다는 얘기다. 겨울의 사하라사막을 만만하게 보았다가는 정말 큰코다친다.

"저녁식사 하신 뒤에 밖으로 나오세요. 호텔에서 공연을 준비해 두었어요."

해가 떨어지기 무섭게, 사막은 급속도로 기온이 내려갔다. 계속 히터를 틀어두었으나, 객실 안은 따뜻해질 기미가 전혀 보이지 않았다. 패딩을 껴입고도 스카프까지 목에 꽁꽁 싸매고 밖으로 나섰다.

사막의 캠프파이어 앞에서 춤판이 벌어졌다. 난생처음 보는 온갖 악기들로 신명 나는 연주를 해준 이들은 일반적으로 모로코 사막에서 볼 수 있는 베르베르인이 아닌 사하라 남부에 있던 흑인 부족이었다. 과거 세네갈이나 수단, 말리 등지에서 노예무역으로 팔려 왔던 이들의 후손이란다. 태어나 처음 보는 새로운 춤사위는 이들이 타고난 춤꾼임을 알려주는 듯했다. 머리는 움직이지 않으면서도 전신을 사용해 잘만 움직인다. 앉았다 일어섰다 거의 묘기 수준이었다. 손뼉을 치며 구경하는 이들조차 점차 들썩거린다. 결국 호텔의 온 손님이 빙글빙글 춤을 추다가 춤판이 마무리되었다.

"자, 여러분. 고개를 들어 하늘을 보세요."

"와아아!!!"

사하라의 별이 쏟아지고 있었다. 하늘에 이렇게 별이 많았던가. 크고 작은 별들이 촘촘히 모여 반짝이고 있었다. 셀 수 없이 많은 별들로 수놓아진 밤이었다.

"별을 더 잘 보려면 불빛이 없는 곳으로 가야 해요. 위험하니 호텔 밖으로는 나가지 마시고요. 옥상에 가면 누워서 별 보기 딱 좋아요. 맥주 마시기도 딱이고요."

가이드의 말을 믿고 옥상에 올랐다. 말이 옥상이지, 이슬람식 건축물은 안뜰을 가운데에 둔 회랑 형식으로 넓고 길게 지어져 있어 층수 자체는 높지 않았다.

"와, 진짜 예쁘다! 그런데….."

그런데 별을 보는 것 이외의 아무것도 할 수 없었다. 왜냐하면….

"너무 추워!!!"

자리를 잡아 느긋하게 별밤을 즐기기엔 가혹하게 추웠다. 이미 기온은 영하로 떨어져 있었다. 사하라사막이 무조건 더울 거라는 편견은 정말 모두가 깨부숴야 합니다. 이렇게 추워요, 여기가….

이슬람 국가에서 술을 마시고 싶다면, 외국인 관광객을 대상으로 술을 판매하는 일부 가게나 호텔에서 미리 술을 장만해두어야 한다. 그렇게 미리 맥주도 마련해두었건만, 도저히 이 추위에 맥주를 마실 분위기가 아니었다.

누워서 별을 보는 것도, 쏟아지는 별을 바라보며 맥주를 마시는 것도 모두 포기했다. 그렇지만 단 한 가지 포기할 수 없는 것이 하나 있었으니, 바로 사진이다. 별 사진을 찍어야 해! 인생에서 단 한 번뿐일 수도 있는 사하라의 별밤을 건져야 한다고!

별을 찍는다는 것은 그렇게 힘든 촬영은 아니지만, 두 가지 조건이 필요했다. 첫째, 카메라가 삼각대에 고정되어 있을 것. 둘째, 장시간 빛에 노출해보며 적절한 셔터스피드 속도를 찾을 것. 안타깝게도 카메라 삼각대가 준비되어 있지 않았고, 장시간 노출을 여러 번 도전해보기엔 이곳은 지나치게 추웠다. 사진이 찍혀보기 전까진 어떤 사진이 찍힐지 전혀 알 수가 없었다. 제대로 된 별 사진을 찍어본 적이 없던 나는 여러 차례 삽질하기 시작했다.

"우리는 일단 들어간다. 너도 빨리 들어와라."

엄마와 아빠는 별을 볼 만큼 다 보았다고 선언한 뒤, 먼저 객실로 들어가 버렸다. 하지만 나는 사진을 남겨야만 했다. 어떻게든 그럴싸한 사진을 단 한 장이라도 건져야만 했다.

'다른 쪽 옥상에서 찍어보면 어떨까?'

컴컴한 옥상을 내려가, 또 다른 옥상으로 올라갔다. 휴대폰에 손전등 기능이 없었으면, 아마 옥상에 오르는 것조차 불가능했을 테다. 삼각대 대신 카메라를 고정해둘 적당한 자리를 잡아 어정쩡한 포즈로 셔터를 눌러보기 시작했다. 카메라 각도도 바꿔보고 셔터스피드도 여러 차례 조절해보며 긴 시간을 끌었다. 손은 꽁꽁 얼었지만, 인생에 다시없을지도 모르는 사하라의 밤을 꼭 남겨야만 했다. 긴 삽질 끝에 감이 잡혔다.

"여기서 뭐 하세요? 깜짝 놀랐잖아요!"

별을 보러 나왔다는 가이드가 어둠 속의 나를 발견하고 화들짝 놀라며 나를 불렀다.

"하하…. 별 사진 찍으려고요. 보실래요?"

나는 그간의 연구를 통해 얻은 그럴싸한 별 사진들을 자랑하기 시작했고, 나중에 꼭 이 사진을 전달하겠노라 약속하고 몇 차례의 재촬영 끝에 드디어 객실로 돌아올 수 있었다. 그러나 결국 그 사진은 타이밍을 놓쳐 가이드님께 전달되지 못했다. 죄송합니다…. 혹시 이 책을 보신다면 연락 주세요. 지금이라도 드릴게요, 흑흑.

꽁꽁 언 몸을 데리고 오들오들 떨며 객실 안으로 들어섰다. 성공한 별 사진을 얼른 자랑하고 싶었다. 싶었는데…. 이미 두 분은 깊은 잠에 곯아떨어진 후였다. 12시가 되면 별이 더 많이 보인다고 기다려 보겠다더니…. 심지어 아빠는 객실 안에서라도 같이 맥주를 마시자더니…. 왜 두 분 다 곯아떨어져 있는 것이죠?

히터는 여전히 영 부실했고, 방 안에는 한기가 돌고 있었다. 옷을 벗고 샤워하는 것 자체가 도전으로 다가왔다. 사막 위를 뒹굴었으니 씻긴 씻어야 하는데…. 넓은 사막 위에 지어진 호텔이라 그런지, 욕실이 넓기도 얼마나 넓은지 족히 10평은 되어 보였다. 옷을 벗을 때마다 온몸에 점점 소름이 돋았다. 파들파들 거리면서 샤워실로 들어갔으나 물은 끝내 따뜻해지지 않았다. 결국 고양이 세수하듯 대충 씻고 후다닥 나왔다. 그리고 파들파들 떨며 옷을 다시 주워 입곤 침대 안으로 기어들어 갔다. 그나마 다행인 건 두꺼운 이불 속만큼은 따뜻했다는 사실이다.

1 내 이름에 대한 고찰

2 누가 깍두기를 훔쳐갔는가

3 친구와 일주일 이상 여행하면 일어나는 일

4 스푼, 스푼!!! 말이 통하질 않아

3장

사람과의 소통이
어려운 여행자

내 이름에 대한 고찰

초등학생 때 내 이름 '서지선' 석 자를 썼다. 무언가 마음에 들지 않았다. 이름에 색칠할 구멍이 단 하나도 없었기 때문이다. 친구들은 교과서며 시험지에 자신의 이름을 쓰고 'ㅇ'이나 'ㅁ', 'ㅂ' 같은 공간에 색칠하곤 했는데, 내 이름은 어떻게 봐도 색칠할 구멍이 단 한 글자도 없었다. 가족들, 친구들, 심지어 연예인의 이름을 봐도 나처럼 색칠할 곳 단 하나 없는 이름을 발견하기 어려웠다. 가수 서태지의 본명이 '정현철'이라는 것을 알게 됐을 때의 배신감이란.

이름이란 대부분 자신의 의지와 상관없이 함께해온 동반자다. 중간에 개명하지 않는 한 태어날 때 부여받은 고유명사에 불과하다. 이름이 마음에 들 수도 있고, 마음에 안 들 수도 있고, 아무 생각이 없을 수도 있다. 어릴 적에는 내 이름이 말도 안 되는 이유로 썩 마음에 들지 않았는데, 자라고서는 별생각이 없어졌다. 그냥 익숙하니까 쓰고 있을 뿐이다.

한번은 이름에 대해 집착한다는 한 친구에게 물었다. 그 친구는 소개팅을 받을 때도 남자의 이름이 외모나 성격만큼이나 중요하다고 했다.

"차은우도 '차은우'니까 더 좋은 거지 '이동민 차은우의 본명'이었어봐. 이름에서 '존잘'의 향기가 안 나잖아."

"그럼 내 이름은 어떻게 느껴져?"

"네 이름? 네 이름은 뭔가 '수미상관'이 느껴져서 좋아. '지선이'는 그냥 그런데, '서지선'은 멋있는 것 같아."

수미상관을 근거로 들었다는 게 너무 웃겼는데, 왠지 그 이후로부터 내 이름이 조금은 좋아진 것 같다. 비록 외국에만 나가면 온갖 수난을 겪는 이름이지만.

한국 사람의 이름은 외국인들이 발음하기 참 어렵다. 특히 받침이 요리조리 많이도 들어가 있는 이름은 아예 불리기를 포기하거나 성으로 불리는 게 나을 정도다. 그렇지만 성도 썩 외국인들이 부르기에 좋아 보이진 않는다. 한 번은 '정' 씨인 사촌언니가 유럽 여행을 갔다가 '미스 융'이라는 소리에 누구를 부르는가 했더니 자길 부르는 얘기였단다. 'Jung'이라는 알파벳을 불어나 독어권에서는 '융'이라고 읽는다는 것이다. 내 성인 '서'도 썩 남 말할 처지가 안 된다. '

ㅓ' 발음은 대부분 외국어 표기도 불가능해서 서 씨는 'Seo'라는 이상한 철자로 쓰인다. 이것을 '서'로 읽는 외국인은 단 한 번도 본 적 없고 대부분 글자 그대로 '세오' 혹은 '세'라고 읽는다. 우리나라 수도 'Seoul'이 '세울'로 읽히는 것처럼.

안타깝게도 '서'와 수미상관을 이룬다는 내 이름의 '선'은 'sun'이라는 표기법을 적용했다. 이 때문에 '서 Seo'와 '선 sun'에 있는 'ㅓ'가 같은 'ㅓ' 사운드라는 것을 외국인에게 인식시키기가 무지막지 힘들었다. 어차피 '세오 지순 Seo Jisun' 따위로 읽히는 것을 '세오 지세온 Seo Jiseon'이 되는 것도 별 차이 없어 보이는데, 그냥 한쪽으로라도 통일해서 살 걸 그랬다. 요약하면, 결국 내 이름과 성 중 온전히 내 이름으로 불릴 수 있는 쪽이 아무것도 없다는 얘기다.

일본에서 교환학생으로 있을 때다. 일본어에도 'ㅓ' 사운드가 없기에 내 이름의 'ㅓ'는 자연스럽게 일본어 발음 'ㅗ' 사운드로 교환되었다. 즉, 내 일본어 이름은 '소 지손'인 셈이다. 퍽 익숙한 이름은 아니었지만, 적어도 커다란 위화감까지는 들지 않았다. 왜냐면 다른 외국인 학생들도 다 조금씩은 자기 이름이 이상하게 바뀌었기 때문이다. '소 지손' 정도는 용납할 수 있었다. 난 앞으로 '소 지손'으로서의 삶을 살아가면 될 줄 알았다.

그런데, 배정받은 내 방문 앞에서 나를 반겨준 이름은 '세오 지순'이었다. 왜 영어 이름을 써놓고 그걸 또 일본어로 적어놨냐고! '소 지손 ソ ジソン'까지는 괜찮아도 '세오 지순 セオ ジスン'은 용납이 안 된다고! 생각해보니 'ソジソン 소지손'이라는 내 일문명도 '서지선'이라는 한글만큼 이상하게 생긴 것 같다. 보시라. 저 점들의 향연….

일본에서 '소 지손'으로만 살겠다는 나의 꿈은 서서히 박살나기 시작했다. 외국인인 내 이름은 때로는 가타카나로, 때로는 영어로, 때로는 한자로까지 불렸다. 내 한자 이름은 '徐知仙'인데 이 한자는 일본에서 '죠 치센'으로 읽힌다. 그러니까 내 이름은 무려 세 개가 된 것이다. 심지어 때로는 성으로, 때로는 이름으로 부르는 일본 문화 탓에 내 이름은 언제나 '곱하기 2'가 되었다.

"지손 상"

"하ー이 Hi[안녕] 아니고 はい[네]다. "

"소 상"

"하ー이"

"세오 상"

"하ー이"

"죠 상"

"하ー이"

어느 이름이 불릴지 좀처럼 익숙해지지 않던 눈치게임 속에서 이제는 그냥 무엇으로 불리든 해탈하고 대답하는 경지에 이르렀다. 이 수많은 이름 중에 내 진짜 이름인 '서 상'이나 '지선 상'은 하나도 없다는 것이 웃겼다.

한번은 테마파크에서 아르바이트할 때였다. 일본인 직원 명찰에

는 보통 한자 성 위에 히라가나를 함께 달아놓는다. 나는 외국인이라 'SEO'라는 영문명 위에 'ソ ㅅ'라는 가타카나가 달렸다. 이를 본 일본인들은 어떻게 '세오'가 'ㅅ'가 될 수 있는지 의문을 품었다. 아니! 진짜 내 이름은 '서'니까 그렇지! 나더러 어떡하라고!

"너 소지섭이랑 같은 성씨야?"

"안타깝지만 아니야…."

"그러면 지손쨩은 박지성이랑 이름이 같은 거야?"

네? 이건 대체 무슨 소리죠. 무슨 소리인가 곱씹어봤더니 '지선'과 '지성' 모두 일본에서는 '지손'으로 표기되는 탓이었다. 살다 살다 박지성이랑 이름이 같냐는 소리도 들어봤다.

"그럼 지손은 보통 남자 이름이야 여자 이름이야?"

"응…? 보통 지선은 여자 이름이고, 지성은 남자 이름이야."

"으응? 못 알아들음"

"잘 들어보라고! 받침 사운드가 다르다고!"

일본에 있을 때의 이 고뇌를 통해, 혹시나 자식을 낳게 되더라도 절대 'ㅓ'가 들어간 이름으로는 짓지 않기로 했다.

이러한 경험 덕에 몰타에 갔을 때는 내 이름을 되찾기로 했다. 적어도 거기선 영어 이름 하나만 있으면 되니 일본에서처럼 이름 3개를 가질 일은 없으리라 생각했다. 영어권으로 유학을 갔다 온 친구들을 하나 둘 붙잡고 고민을 토로했다.

"나 적어도 지썬 Jisun 이로 살고 싶은데 가능할까? 영어 이름을 그냥 지을까?"

"지썬 정도면 아주 어렵지는 않으니 반복 학습을 통해 발음이 가능하지 않을까? 지쑨이라고 할 때마다 지썬이라고 고쳐 줘. 언젠가는 똑바로 말하겠지."

그 조언을 받아들여 몰타에 도착했다.

"내 이름은 'Jisun'으로 쓰고, '지썬'이라고 읽어."

"오~ 지썬이구나!"

희망을 가지고 설명했다. 하지만 다음날이 되니, '지쑨'과 '지썬'이 섞여서 들려왔다. 결국 또 이름이 2개가 된 것이다. 심지어는 읽고 쓰는 방법이 다르니 혼란을 토로하는 아이들이 생겼다. 아니, 이게 그렇게 어려울 일이야? 'Sunny'는 '쑤니'라고 안 하면서 왜 'Jisun'은 '지쑨'인 건데!!!

"언니네 반에 프랑스에서 온 아저씨 있잖아요."

"응."

"제가 아저씨한테 '지썬' 아냐고 물어보니까 '응?' 하더니, '아, 자이쏜~' 이랬어요."

헐…. 이럴 수가. '자이쏜'까지 내 이름이 된 마당에 나는 울 수밖에 없었다. 이번만큼은 이름을 한 개로 통일하고 싶었단 말이다. 엉엉.

다음날 학원에 간 나는 선생님이 들어오자마자 내 이름의 변경을 요청했다.

"선생님. 저는 제 이름을 영어 이름으로 바꾸고 싶습니다. 다들 제 이름을 발음 못 해요.”

선생님은 안타까운 표정을 짓더니, 오늘부터 나를 영어 이름으로 바꿔 불러주겠다고 했다. 아이들도 처음엔 '이름 바꾸는 애는 처음 봤다' 싶은 표정을 짓더니 이내 내 영어 이름에 적응했다. 그렇게 이름이 한 개로 고착되는 줄 알았다. 그러니까 여기서 해피엔딩이 아니라는 소리다.

어릴 적 영어학원에서 받았던 이름은 'Suzy'였고, 내가 어릴 때 자체적으로 쓰던 영어 이름은 'Sunny'였다. 수지는 한국에서도 쓰는 이름인데 내가 굳이 수지가 될 필요가 없다고 생각했고, 써니는 지금 생각해보니 캐릭터가 너무 밝았다. 내 성격과 안 어울린다는 뜻이다. 그래서 고뇌를 해 유니크하면서도 쉬운 이름을 만들고 싶었다. 그러니까 다른 이들과 이름이 절대 겹칠 일이 없으면서도 본래의 나와 괴리감이 없으며, 올드한 느낌이 들지 않으면서도 발음하기 쉬운 이름! 이 어려운 심사(?)에 통과한 이름은 '제스 Jess'였다. 내 이니셜인 'JS'를 빠르게 발음하면 '제스'라고 불린다는 점에서 따왔다. 발음도 쉬웠으며, 기존의 내 이름과도 크게 동떨어지지 않은 만족스러운 이름이었다.

"제스!"

친구들이 나를 제스라고 불러줄 때마다 뿌듯함이 일었다.

'캬, 영어 이름 짓길 너무 잘했잖아! 정신이 편안하네!'

그렇지만 내가 간과한 사실은 '제스'란 보통 풀네임보다는 누군가의 애칭으로 쓰이는 이름이란 점이다. 나는 풀네임 자체가 '제스'지만, 보통 '제시카'의 애칭이 '제스'로 쓰인다. 이렇다보니 나를 '제시카'라고 부르는 족속들이 등장하기 시작했다. 야, 아니라고! 나는 제스지만, 제시카는 아니라고오! 제시카의 출연은 온갖 제 자 돌림의 이름을 낳았다. 언젠가부터 제시카도 나고 제시도 나고 제니퍼도 나다. 으으, 미치겠네. 이렇게 또 나는 이름 부자가 되었다.

"네 이름은 뭐야?"
"난 제스야."
"오, 그럼 네 진짜 이름은 뭐야?"
"응? 서지선이야."
"쩨…지…웅앵웅…"

간혹 내 이름을 제스라고 소개하면 '진짜 이름'이 뭐냐고 묻는 놈들이 있다. '내 이름은 칭챙총이야' 같은 신비로운 동양의 음이라도 듣고 싶은 건가. 이미 '이름대란'에 지친 내가 심보가 꼬여서 그럴 수도 있겠다만, 어차피 발음하지도 못할 걸 뭐 하러 물어보냐! 이제 그냥 제스라면 제스인 줄 알아들어! 참고로 제시카는 나 아냐!

2

누가 깍두기를
훔쳐갔는가?

때는 6월 중순. 몰타의 셰어하우스 냉장고에 있던 깍두기가 감쪽같이 사라졌다. 당시 하우스에서 나를 제외한 한국인은 단 한 명뿐이었다.

"진짜, 쩝쩝, 한식, 쩝쩝, 너무 맛있어요….."

로마의 한인민박에 머무는 동안 매 끼니 찬사를 뱉었다. 내가 이렇게 한식에 열광하는 타입이었던가. 그저 가성비만 따지고 예약한 숙소에서 나는 그동안 잊고 있던 감각과 재회했다. 음식이야 대충 아무거나 줘도 잘 먹는 식성 탓에, 유럽에 온 뒤로는 끼니 자체에 큰 가치를 둔 적이 없었다. 유럽 음식이 그다지 나랑 안 맞음에도 아무거나 줘도 별생각 없이 먹고 살았다는 뜻이다. 미식의 즐거움은 잊고 산 지 오래였다. 그런 나에게 2개월 만에 나타난 고향의 반찬들. 신선한 김치, 깍두기, 오이소박이, 달걀말이, 비빔밥!!! 별거 아닌 음식이지만, 그때만큼은 정말 별거였다.

"헉, 헉. 아직 안 늦었죠?"

"네. 아직 시간 남았어요. 편하게 드세요."

한인민박에 머물던 6일 동안, 로마의 정취에 젖어 있다가도 저녁 7시만 되면 민박집으로 뛰어 들어왔다. 일정이 덜 끝나 밤에 다시 나가는 한이 있더라도 일단 숙소로 돌아와야 했다. 이탈리안 피자와 즐기는 밤의 맥주? 그런 건 나에게 아무런 의미가 없었다. 오직! 한식만이! 중요했다! 그렇다. 오랜만에 고향의 맛을 봐서 눈이 돌아간 것이다.

한인민박에 머무는 마지막 날 아침 6시 반. 평소 아침 6시에 자러 가는 한이 있더라도 깨는 한은 없던 내가 조식을 위해 눈을 번쩍 떴다. 잠이 더 중하다며 대학 시절엔 하숙집 아침식사도 툭 하면 걸러 버리던 내가 밥에 미쳐 이렇게 근면 성실한 인간이 되다니.

'이번 여행이 끝나고 몰타에 돌아가면, 비싸서 못 샀던 깍두기를 꼭 사야지! 다시 밥 먹는 재미를 느껴야지!'

굳게 다짐했다.

몰타에 돌아가자마자 아시안 마트에 들러 무려 8유로짜리 깍두기를 사 왔다. 한국이면 3,000원 정도에 샀을 양이었다. 예전 같으면 몇 번을 들었다 놨다 하다가 안 샀을 것이다. 가난한 유학생이 한낱 깍두기 따위에 8유로를 사치하자니 차라리 한인식당에 가서 비빔밥 한 번 사 먹고 오는 게 낫다고 생각했다. 그런데 상황은 바뀌었다. 이미 나는 한국의 맛에 눈이 돌아간 상태였다.

'후후, 내일부터는 따끈하게 밥을 지어 깍두기와 함께 먹어야지! 너무 행복할 듯!'

다른 반찬 아무것도 없이 흰 쌀밥과 깍두기만 있어도 행복할 것 같았다. 오랜만에 행복한 식사 때를 기다리며 꿀잠에 취했다. 다음날 감쪽같이 깍두기가 사라질 줄도 모르고.

다음날에 열어 본 냉장고는 뭔가 이상했다. 내 구역에 있어야 할 뭔가가 없는 것이다. 깍두기가 사라졌다! 심지어 포장도 안 뜯은 깍두기를! 나는 재빨리 하우스에 있는 모든 냉장고 칸을 뒤지기 시작했다. 누군가가 내 자리를 탐내서 깍두기를 옮긴 게 아닐까? 요리도 잘 안 하는 주제에 냉장고 칸 명당을 차지하고 있었다. 그러나 샅샅이 온 칸을 뒤져봐도 깍두기의 깍 자도 찾을 수 없었다. 심지어 한글로 적혀 있었는데 그게 뭔 줄 알고 누가 가져간단 말인가. 한국인 말고 깍두기를 누가 먹어!!! 애초에 현재 한국인은 나를 포함해 단 두 명뿐이었다. 단 한 명 있는 그를 의심하고 싶진 않았다. 미쳤다고 단둘뿐인데 한국인이 한국인 거를 훔쳐 먹겠냐고. 이상한 낌새를 눈치 챈 나는 내 전용 식품 서랍 칸도 뒤져보았다. 갓 사온 불맛 나는 볶음면 묶음 중에 2개가 사라져있었다. 참나, 훔쳐갈 거면 다 훔쳐갈 것이지 이 애매한 개수는 뭐람. 불맛 볶음면의 실종은 깍두기보다도 의아했다. 이건 만들어 먹는 순간 온 집안에 냄새를 풍기며 '나 불닭볶음면 먹어요~ 저는 한국인이고요~ 한국인이라면 주기적으로 자신의 위장을 괴롭혀 주는 습성이 있답니다~'라고 선언하는 꼴이기 때문이다. 이건 훔쳐 먹고 안 들킬 수가 없는 음식이다. 도대체, 누가, 왜, 무슨 목적으로, 누가 봐도 한국인 전용 음식을 훔쳐 가고 있냔 말이다!

"하우스메이트들아. 냉장고에 내 코리안 김치가 사라졌어. 한글이 적혀 있고 개봉도 안 한 건데, 혹시 실수로 치워 둔 사람 있니?"
　에서 시작한 나의 메시지는
"내 코리안 스파이시 누들도 2개 사라졌어. 대체 누가 훔친 거야? 이건 도둑질이라고! 빨리 자수해!"
　로 진화해서 점점 격해졌다. 영문 키보드를 이렇게 열심히 두드려 본 적이 있던가.
"지선, 화내다가 영어 작문 실력 엄청나게 늘겠네."
　이미 한국으로 돌아가서 메시지를 보고 있던 한국인 하우스메이트들이 말했다. 그러게 말입니다. 누군가는 언어가 가장 빨리 느는 방법이 연애라고 하던데, 아무리 생각해도 연애보다 '빡침'이 더 효과적인 것으로 보인다. 술 없이도 뇌를 거치지 않고 키보드로 바로 영문을 쏠 수 있었다.
"나는 아니야."
"나도 아니야. 난 한국 음식 먹을 줄도 몰라."
"우리 하우스에 요즘 도둑이 사는 거 아니야? 얼마 전에 내 아이스크림도 없어진 것 같아."

6월 중순에는 하우스에 사는 사람이 많이 빠져서 고작 10명도 안 되는 인원이 살고 있었다. 아무리 생각해봐도 남은 아이들 중에 물건을 훔칠 만한 사람은 없어 보였다. 친구들의 이름과 얼굴을 하나하나 떠올려 보니 정말 없었다. 딱히 사이가 안 좋은 사람도 없었고, 한국 음식을 탐낼 만한 이는 더욱더 없었다. 아무리 생각해봐도 누군가가 이걸 먹고 싶어서 훔쳤다고는 생각되지 않았다. 너무나 충격적이었다. 만약 이들 중에 도둑이 있다면, 완전히 가식의 탈을 쓰고 인종차별 범죄를 저질렀다는 얘기로밖에 보이지 않아서.

"언니, 방에 들어가도 돼요?"
"네, 들어오세요."

하우스에 있던 마지막 남은 단 한 명의 한국인 하우스메이트가 내 방을 찾아왔다. 평소에 교류가 많은 사이는 아니었으나, 딱히 내게 원한을 맺을만한 일도 없던 이였다. 무엇보다, 누가 봐도 자기가 도둑으로 보일만 한 도둑질을 할 것 같진 않았고.

"언니, 저는 정말 안 훔쳤어요. 저는 외식으로만 끼니를 해결한다고요."
"네, 그럴 것 같아요. 한국인이 단둘뿐인데 미쳤다고 깍두기를 훔쳐 가겠어요."
"제가 생각해봤는데, 누군가가 저를 모함하기 위해 언니 음식을 훔친 게 아닐까요?"

"네? 무슨 추측되는 사람이라도 있는지…."

그는 혹시나 누구누구일지도 모른다고 이야기해줬지만, 내 생각에는 그 누구누구가 그런 유치한 싸움에 생판 상관도 없는 내 음식을 훔칠 정도로 막장일 것 같진 않았다. 결국 사건은 다시 미궁 속으로 빠졌다.

"그럼 집주인이 훔쳐 갔을 가능성은 없을까요? 매일 청소하러 오잖아요."

"그렇지만 그 사람이랑 트러블이 있었던 적은 없는 걸요. 만나면 항상 웃으면서 인사해줬고."

"맞다. 요즘 새로 청소하는 사람 오는 것 같던데, 혹시 그 사람 아닐까요?"

그럼 생판 본 적도 없는 사람이 내 깍두기를 훔쳐 갔을 가능성이 있단 얘긴가? 완전히 인종차별 아니야? 아시아 언어로 적힌 역겨운 음식이라고 생각해서 일방적으로 갖다 버린 건가? 고의로 아시안 괴롭히려고? 그런데 상식적으로 고용되자마자 그런 미친 짓을 누가 하겠는가 싶었다. 게다가 라면은 훔치려면 다 훔칠 것이지, 5개 중에 2개만 훔쳐가는 건 또 뭐야.

"그럼 외부인이 들어왔을 가능성은요? 저희 현관 자주 열어놓고 다니잖아요."

"외부인이 들어와서 도둑질할 순 있겠지만, 대체 왜 뭣 하러 깍두기와 라면을…."

"하…. 그것도 그렇네요."

여기서 끝이 아니다. 비슷한 시기에 내가 사둔 요거트 세 개도 사라졌다. 그 요거트는 냉장고 맨 아래 칸에서 발견되었다. 그것도 단 두 개만. '상습적 도둑이 여기 사는구나' 싶어 화가 난 나는 그대로 요거트를 꺼내 내 칸으로 옮겼고, 하나는 즉석에서 까서 먹었다. 그리고 그날 중국인 친구 한 명이 화가 나서 하우스 메신저에 메시지를 남겼다.

"누가 내 요거트 훔쳐 먹었어? 내 요거트가 다른 칸에 옮겨져 있는데, 나 그 칸 누가 쓰는 칸인지 알아. 나 정말 화났으니까, 빨리 나에게 사과해줬으면 좋겠어."

심장이 쿵 떨어질 뻔한 나는 어서 빨리 그 친구에게 답변했다.

"헉, 미안해. 그거 내가 내 건 줄 알고 먹었어. 똑같은 요거트를 사뒀는데 누가 훔쳐 갔나 봐. 그래서 네 요거트가 내 것인 줄 알고 먹었어."

으악! 억울하다 억울해! 누가 무슨 목적으로 이러는지나 알았으면 좋겠네! 나처럼 조용하게 지내는 애가 이 집에 또 어디 있다고 나한테 그래!!! 비싼 깍두기에, 라면 2개에, 요거트 3개에. 피해 금액이 15유로에 달하는데, 가난한 유학생에게는 이 정도면 정말 큰돈이었다.

이 시기는 몰타에서 지내던 날 중 가장 힘든 시기였다. 여러 가지로 충격을 받은 나는 당분간 냉장고에 새로운 음식을 사 넣지 않았다. 또 누군가가 훔쳐 갈까 두려웠다. 수제 햄버거 가게에 가서 외식

하거나, 커다란 피자 한 조각을 사와 혼자만의 방에서 끼니를 때우는 날들이 반복되었다. 약간의 대인기피도 생겨, 사람과 대화하는 것도 마주하는 것도 싫었다. 6월의 몰타는 덥기는 또 어찌나 덥던지, 찜질방이나 다름없는 방에서 매번 땀을 적시면서도 혼자 갇혀있었다.

"헤이~ 제스. 오랜만이다? 왜 이렇게 안 보여? 너 이 집에서 사는 거 맞아?"

"하하, 그런가. 당연히 이 집에서 살지~"

여전히 부엌에서 누군가와 마주칠 일이 없길 바라는 순간, 브라질 친구가 인사하자 어설프게 대답했다.

누가 훔쳐 갔는지는 여전히 미스터리다. 학원에도 알렸지만 CCTV가 없으니 해결할 방법이 없단다. 누가 훔쳤는지는 몰라도 나는 이게 인종차별적 맥락의 괴롭힘이 아니었을까 99% 확신한다. 앞에서 대놓고는 못 괴롭히고, 뒤에서 이렇게 저열한 짓을 하는 이는 과연 누구였을까?

친구와 일주일 이상
여행하면 일어나는 일

"그래서요, 쌤? 어떻게 됐어요?"

"뭐, 맥도날드 가서 서로 소리 지르면서 햄버거나 던졌지."

고등학생 때였다. 당시 20대 중반이었던 영어 선생님이 자신의 유럽여행 '썰'을 풀어주던 시간이었다. 아무리 친한 친구여도 여행을 가면 100% 싸우게 된다는 교훈을 던져주며. 선생님 '씩이나' 되는 분께서도 친구랑 햄버거를 던지며 싸웠다는 일화는 나에게 꽤 충격으로 다가왔다.

'유럽여행은 꼭 혼자 가야겠다.'

그날 얻은 교훈을 오래도록 마음에 품고 있었다. 하지만 인간은 망각의 동물. 그리고 몇 년 후, 내가 딱 그 나이 즈음이 되었고, 이곳은 유럽이었다.

"내가 계속 배고프다고 했잖아!"

"혼자 먹으라고. 난 안 먹는다고!"

교훈을 깨뜨린 자에게 우려하던 일이 발생했다. 평소 여행할 때 잘 맞는다고 생각했던 친구와 균열이 일어났다. 그것도 정말 어이없는 이유로.

머나먼 일처럼 여겨지던 유럽 배낭여행의 기회가 드디어 나에게도 찾아왔다. 영어를 배우겠다는 핑계로 몰타에 3개월 정도 머물고, 2개월 정도는 유럽 곳곳을 여행할 요량이었다. 영국에서 시작해 동유럽까지 훑는 루트였다. 중간에 비자 문제가 꼬여 몰타에 다시 왔다 갔다 해야 했지만, 일단은 내가 원하는 최적의 루트를 짜놓았다.

"그럼 나도 겸사겸사 유럽 갈래. 스케줄 같이 맞춰 보자."

평소에 쿵짝이 잘 맞는 친구로부터 연락이 왔다. 나도 매번 혼자 다니기엔 심심할 것이라 판단해 여행 중간에 합류하겠단 친구의 말을 거절할 이유가 없었다. 평소에 말도 잘 통하고, 일본에서도 몇 번 함께 여행한 적이 있어 일정 일부를 함께하기로 했다.

"내가 프랑크푸르트까지 여행하고 다시 몰타에 들어갔다가 나와야 하거든? 일주일 뒤에 뮌헨 쪽으로 갈 테니까 뮌헨에서 합류할래?"

"그래. 그럼 나는 프랑크푸르트로 입국해서 혼자서 여행하다가 뮌헨으로 갈게."

쿨한 결정이었다. 그는 혼자 여행하는 것보다 친구와 여행하는 편이 좋다고 했고, 흔쾌히 나의 발자취에 맞춰 여행하기로 했다. 몰타에서 뮌헨으로 가는 비행기는 조금 비싸서, 정확히 말하면 인근 소도시인 뉘른베르크에서 시작해 독일 남부와 오스트리아, 체코, 폴란드를 거쳐 헝가리의 부다페스트까지 2주 하고도 절반을 함께 여행하는 일정이었다.

처음에는 다 좋았다.

"지금껏 혼자 여행했는데, 같이 다니니까 이야기도 할 수 있고 너무 좋다, 야! 사진이나 좀 찍어 줘. 혼자 여행하니까 사진 찍어줄 사람이 없더라고."

잘 맞는 사람이랑 둘이서 여행을 다니는 것엔 큰 장점이 있다. 사진 찍어줄 사람이 있는 건 물론, 식사할 때도 메뉴를 여러 개를 맛볼 수 있다. 숙소 또한 저가 호스텔만 전전하지 않아도 되며, 가끔은 호스텔 가격으로 멀쩡한 숙소를 잡는 호사도 누릴 수 있다. 이동길이 심심하지 않은 것은 물론, 삽질해도 머리 두 개를 맞대면 해결도 한결 수월하다. 좋은 경치를 만났을 때 함께 호들갑 떨 수 있다는 것도 장점이다. 하지만 그렇지, 여행이 이렇게 쉬울 리가 없다. 24시간을 함께 한다는 것은 가족이어도 힘든데, 하물며 친구와 무난할 리가 없었다. 즐겁던 2인 여행은 어느새 서서히 균열이 가기 시작했다.

친구는 모든 스케줄을 대부분 나에게 맞춰주었다. 덕분에 내 취향을 한껏 살린 여행이 가능했다. 여행의 주도권이 나에게 있는 대신, 나는 모든 동선과 예약을 담당했다. 특별히 여유로운 여행 콘셉트를 잡지 않은 이상 촘촘히 짜인 스케줄을 선호하는 편이라, 내가 모든 스케줄을 담당하는 게 내게도 편했다. 대신 나는 식사 선택의 자유를 대부분 양보했다. 그럭저럭 합리적인 배려였다.

24시간을 누군가와 함께 보낸다는 것은 힘든 일이다. 더군다나 하드 스케줄의 여행이라면 체력이 비축될 마음의 여유가 없어진다고 해야 하나. 그러니까 누구든 쉽게 예민해질 수 있다는 얘기다. 여행을 시작하고 10일쯤이 지나 사건이 터졌다. 버스로 프라하에 막 도착한 차였다.

"저기 버거킹에서 햄버거 하나 사 먹고 출발하자. 나 진짜 배고파."

점심에 포식한 뒤 버스에 탔지만, 왠지 모르게 이날따라 배가 빨리 꺼졌다. 버스에서도 군것질거리를 판매하자 간식을 먹으려 했지만, 타이밍이 애매해 계속 참고 있었다. 버스에서 내리니 일단 배부터 채우고 싶다는 욕구가 간절했다.

"일단 환전부터 하고."

"내가 사줄 테니까 먼저 먹으면 안 돼? S한테 받은 돈이 있으니 사 줄게."

S는 친구의 애인이었고, 나의 친구기도 했다. 이왕 간 여행에서 맛있는 거나 사 먹고 오라며 따지자면 내게 지원금이 들어온 것이다. 그냥 내가 사준다고 하면 친구가 미안해할 것 같아서 나의 배고픔을 어필할 겸 써먹은 멘트다. 그런데 갑자기 친구의 얼굴이 확 구겨졌다.

"그게 따지자면 네 돈도 아닌데 왜 네가 사주는 것처럼 말해?"

"뭐?"

여기서 핀트가 완전히 엇나갔다. 평소엔 잘 사주지도 않던 애ㄴ가 자기 애인한테 받은 돈으로 생색을 내니 갑자기 화가 치밀었나 보다. 그리고 내 입장에선 배고파 죽겠는데, 별 걸로 트집을 잡으니까 화가 난 것이다.

"아니, 내가 그 돈을 받고 싶어서 받았니? 갑자기 내 계좌에 꽂아 준 걸 왜 나한테 그래?"

이렇게 언성을 높여 소리를 지른 적이 없었는데, 이날따라 예민해져 소리를 꽥 질러버렸다. 가뜩이나 커플 사이에 껴서 부탁받은 사람 입장도 난감한데, 밥까지 못 먹게 하니 퍽 서러워졌다. 사람이 본디 배가 고픈데 못 먹게 하면 성질이 더러워지는 법이다. 그냥 던진 말에 날카로운 대답이 날아 왔고, 거기다 한참 전부터 배가 고프다고 노래를 불렀는데 왜 나의 배고픔은 이렇게 무시된단 말인가.

"아, 일단 가자. 나 진짜 배고프단 말이야."

친구는 어이없는 표정으로 말문을 잃은 채 나를 따라왔다.

"S랑 상관없이 내 돈으로 사줄게. 내가 배고파서 먹자고 하는 거니까. 뭐 먹을래?"

"난 안 먹을래. 너 혼자서 먹어."

뭐지, 이건…. 함께 여행을 다니는 입장에서 그다지 배가 안 고프더라도 작은 구색이라도 맞춰줘야 하는 것이 아닌가. 이렇게 오기 싫은데 억지로 왔다는 티를 꼭 내야만 하는 것인가. 내 기분도 더욱 다운되었다.

햄버거를 먹는 동안 친구와 나는 단 한마디도 나누지 않았고, 환전하고 트램을 타고 숙소로 이동하는 긴 시간 동안 냉전이 이어졌다.

"다음 역에서 내려야 해."

　혹시나 친구가 잊어버리고 있을까 봐 말을 꺼냈다. 하지만 돌아온 반응은 냉담했다.

"아, 안다고."

　그는 매우 짜증 나고 귀찮다는 듯이 대답했다. 최소한의 호의를 박살 내버리는 반응에 나까지 화가 머리끝까지 치솟았다.

'아니, 적어도 숙소 도착하기 전까지는 협조를 해줘야 하는 거 아니야? 한번 해보자 이거지? 이 여행에서 싸우면 누가 손해인지 모르는 거야? 난 애초에 혼자 여행을 다녀도 상관없는 사람이었다고!'

　이렇게 나오면 나 또한 냉전에 동참할 수밖에 없었다. 나도 성질이 끝까지 뻗쳐 '에라, 모르겠다' 식이 되었다. 대화를 거부하는데 뭘 어쩌겠는가. 예약해둔 에어비앤비에 도착하자마자 말없이 안방 침대부터 선점했다. 흥, 너는 소파에서 자든가 말든가.

　이날 저녁 이어진 냉전은 다음날 아침까지 이어졌다. 아침에 일어나서 아무렇지도 않게 재빨리 준비한 뒤 프라하 여행길에 나섰다. 물론 혼자 나섰다. 불편했던 장소에서 벗어나자 숨통이 훅 트였다. 가벼운 발걸음으로 프라하 산책을 시작했다. 여름의 열기가 후끈 달아올랐지만, 오랜만에 혼자 걷는 발걸음이 경쾌하기 그지없었다. 알게 모르게 나도 친구와 함께 다니며 신경을 많이 썼던 것이다. 혼자 걷는 발걸음은 내가 기본적으로 '혼행'을 즐기는 '아싸형 인간'임을 깨닫게 했다. 이왕 이렇게 된 거 내 방식대로 프라하를 즐기기로 했다. 이왕이면 친구와는 함께 하지 못할 나만의 여행 방식으로 실컷 걷고 늘어질 테다.

　오랜만에 혼자 하는 여행은 _{친구에게는 미안하지만} 경쾌했다. 숙소와 가까운 곳에 있는 비스트로에 들렀다. 딱 내가 좋아하는 '한낮의 오후'스러운 분위기였다. 채소가 잔뜩 들어간 수프를 하나 시키고, 역시나 채소를 곁들인 햄버그스테이크를 하나 시켰다. 그렇다. 친구는 기본적으로 채식과 거리가 먼 사람이었고, 어쩌다 보니 비교적 식성에 고집이 없는 내가 일주일 넘게 육류만 섭취하고 있었던 것이다. 아무리 먹을 것을 가리지 않는 나라도 채소가 그리울 수밖에 없었다. 좋아하는 카페라떼도 하나 시켰다. 되짚어보니 커피를 좋아하는 내가 함께 여행하는 동안 커피를 마실 일이 잘 없었다. 친구가 좋아하는 맥주는 거의 매일 밤 함께 마셨는데, 왜 내가 좋아하는 커피는 자제했던 거지? 기억을 가만히 곱씹어보니, 솔직히 괘씸했다. 함께 여행하는 동안 나한테도 대충 맞춰줄 수 있는 건데 왜 이렇게 심통이 난 거야?

　식사를 마치고 한 시간여 동안 프라하를 산책했다. 8월의 햇살은 무척이나 뜨거웠지만, 내 몸뚱이 하나만의 체력을 배려해 걷는 것은 그다지 부담스러운 일이 아니었다. 올드타운 중심에 조금씩 가까워지자 스타벅스가 눈에 밟혔다. 에어컨 밑에서 커피나 오래도록 마시고 싶다! 스마트폰도 실컷 하면서, 밀린 사진도 인스타그램에 업데이트하고 싶어! 오직 나 혼자만의 의지로 행동한다는 것이 이렇게 짜릿한 일이었나. 스타벅스 한구석에 자리를 틀고 앉아 서너 시간은 틀어박혀 있었다. 한번 앉으면 엉덩이가 꽤 무거운 편이다. '혼행'의 기쁨은 자유에 있다. 그래, 바로 이 맛이지. 아무 눈치 보지 않고 실컷 늘어질 수 있는 맛.

한낮의 열기가 조금 가라앉을 즈음, 슬슬 다시 밖으로 나섰다. 프라하 올드타운 광장을 중심으로 한 바퀴 돌았다. 골목골목 구경해도 전혀 심심하지 않고 신이 났다. 내가 이렇게 혼자서 잘 노는 사람이라고! 그러고는 해가 슬슬 가라앉기 시작하자, 다시 궁둥이를 붙일 공간 탐색에 나섰다. '혼맥'이나 할까? 여긴 무려 프라하잖아.

시끌벅적한 중앙 광장을 벗어나 우연히 들어간 골목에서 한적한 펍 하나를 만났다. 이번에도 내가 좋아하는 분위기다. 적당히 조용하고, 적당히 신나는 음악을 틀어주며, 적당히 분위기 있는, 그 모든 '적당히'라는 애매한 부사를 수용하는 펍이었다. 체코의 대표 맥주인 필스너 우르켈 생맥주를 주문했고, 저렴한 가격과 훌륭한 맛에 감탄하며 홀짝였다. 감히 이곳을 인생 술집 1위에 올렸다. '혼맥'이 이렇게 즐겁고 신나는 것이었나.

점점 해가 지더니 밖이 어두워졌다.
'아, 숙소에 돌아가기 싫다.'

다시 냉전 상태의 그곳으로 돌아간다고 생각하니 온몸이 불편해졌다.

'어떡하지.'

고민하던 찰나 친구에게서 카톡이 도착했다.

"할 말 있는데 숙소에 언제쯤 도착해? 기다리고 있을게."

음, 드디어 얘가 말할 기운이 났나 보다. 뭐가 되든 일단 대화는 해봐야겠지.

"나, 조금 있다 출발할 건데 걸어서 가면 숙소까지 한 시간 넘게 걸릴 거야."

"알았어. 기다릴게."

연락을 마치고 조금 더 여유를 부리다 밖으로 나섰다. 그 와중에 알차게 하루를 끝내고 싶다는 의지가 솟아 야경이 예쁜 카를교를 지나 숙소까지 걸어가기로 했다. 그리고 이내 후회했다. 야경은 정말 예뻤지만…. 숙소까지의 거리가 내가 예상한 거리보다 상당히 멀었다. 그리고 다리를 한번 건너니 분위기가 올드타운 중심부와 너무 달랐다. 무슨 뜻이냐면, 암흑의 세상이었다는 뜻이다.

'하하하하하, 귀신이 나오는 거랑 사람이 나오는 거랑 뭐가 더 무서울까?'

아무리 생각해도 야밤에 동양인 여자 혼자 한 시간씩이나 걸을 거리가 아니었는데, 간이 배 밖으로 튀어나왔나 보다. 대로변 왼쪽엔 썰렁한 폐가가 종종 튀어나왔고, 오른편은 광활한 공원이 늘어져 있었다. 광활한 공원의 야밤이란, 그냥 보이는 모든 게 시커멓다는 뜻이다. 조금 울고 싶어졌다. 도중에 트램이라도 탈까 고민했었지만, 지하철역에서 미리 티켓을 사지 않는 바람에 내가 타면 완전히 무임 승차였다. 도덕적 신념을 안고 포기했다.

'전화라도 할까? 진짜 무서운데.'

몇몇 친구에게 전화했더니 아무도 받지 않았다. 싸웠던 친구의 얼굴이 아른거렸다. 아…. 하지만 아직 냉전이 끝나지 않았는데 어떻게 전화를 한단 말인가. 그저 공포 속의 발걸음을 재촉하며 걸어가는 수밖에 없었다.

"늦게 왔네?"

"응. 이렇게 숙소까지 거리가 먼 줄 몰랐어."

친구는 식탁 앞에 경건하게 앉아 있었고, 식탁에는 각종 음식과 와인이 차려져 있었다.

"일단, 미안하고. 순식간에 화가 났나 봐. 오전에 잠시 나갔는데 네가 없으니까 여행이 너무 재미가 없더라. 그래서 슈퍼마켓 가서 장좀 봐와서 만들었어."

"아… 그랬구나….'

뭔가 경건해졌다. 내가 온종일 혼자라서 좋다고 자유를 만끽할 동안, 친구는 내가 없어서 재미가 없었다니…. 뭔가 심히 못 할 짓을 한 것 같고….

"와인이랑 안주는 사과의 의미로 내가 사주는 거야."

"그렇구나. 나도 미안…. 갑자기 소리 질러서."

친구 먹은 지 6년 만에 식탁 앞에 앉아 진솔한 이야기를 나누었다. 여행에 있어 누구나 일행에게 조금씩 서운함이 쌓여 간다. '서운함'이 포인트다. 누군가가 갑자기 화를 낸다면, 그것이 '갑자기'를 의미하지 않을 확률이 높다. 나는 나대로, 친구는 친구대로 서운함이 조금씩 쌓여갔던 거다. 내 입장에선 내가 스케줄도 짜고 고생할 거 다 하고 식사 메뉴도 양보했는데, 왜 나는 밥 하나도 배고플 때 못 먹게 하냐는 불만이 튀어나온 거다. 그런데 친구 입장은 조금 달랐다.

"우선 네가 그렇게 식사를 배려하고 있는 줄은 몰랐네. 듣고 보니 그랬던 것 같아. 미안."

배려랍시고 무조건 생색내지 않은 것이 좋은 게 아님을 배웠다. 어떤 배려는 이야기해주지 않으면 모른다. 내가 너를 충분히 신경 쓰고 있음을 상대방이 알게끔 해줘야 한다. 그렇지 않으면 '나는 이만큼 해줬는데 너는 왜 그것도 안 해 줘?' 같은 생각을 해버릴 수 있기 때문이다. 내가 딱 그랬나 보다.

"그리고 내가 독일에서 케밥 먹고 싶다고 한 거 기억나? 그때 그건 배가 고프다는 신호였어."

기억났다. 내 귀에는 그냥 지나가듯 하는 소리로 들렸는데 내가 그걸 무시하고 지나쳤다. 습관적으로 음식만 보면 '먹고 싶다'를 남발하는 내 식대로 해석을 했나 보다.

"네가 지난 숙소에서 혼자 수영장에서 놀다 왔잖아. 그때 나는 수영장 싫어한다고 얘기했었고. 그때 나는 할 일 없이 있었는데, 솔직히 버려진 기분이었어.”

“야, 그건 사정이 있었잖아.”

“그래도 그냥 그런 기분이 들었어. 유쾌하진 않더라고. 그래서 기분이 상해 있었나 봐.”

그냥 그랬던 거다. 사람과 사람이 24시간을 함께 있다 보면 별거 아닌 일로도 쉽게 서운해진다. 그리고 서서히 예민해진다.

“나도 버럭 소리부터 질러버려서 미안. 당황스럽긴 했겠다. 배고픔에 눈이 돌아갔나 봐.”

앞으로의 여행을 위해 규칙을 새로 세웠다. 아무리 친한 친구여도 24시간을 함께하는 여행이 만만치 않은 것임을 몸으로 배웠기에. 배가 고플 때는 배가 고픈 사람 의견에 맞추기, 원하는 게 있으면 정확하게 의사 표현하기, 갑자기 버럭 화부터 내지는 말기, 싸우더라도 죽이 되든 밥이 되든 대화 단절하진 않기. 누군가와 동행으로 더 풍요로운 여행을 만들기 위한 법칙이다.

친구와 나는 서서히 서먹한 감정을 풀어나갔고, 남은 여행까지 무사히 마쳤다. 서로에 대해 더 잘 알게 되었고, 덕분에 더 친해질 수 있었다.

“나, 책에 네 얘기 써도 돼? 우리 그때 싸운 거.”

“응, 해도 되는데 그땐 내가 미안했다, 정말.”

친구는 아직도 그때 얘기가 나오면 반사적으로 사과부터 한다.

“너무 나쁘게 써주진 말고…. 기억하지? 내가 와인도 사주고 요리도 해주고 사과한 거. 흑흑."

"킥킥, 나쁘게 안 썼어. 걱정하지 마."

이 글이 친구의 마음에 들지는 모르겠다. 그렇게 썩… 나쁜 애 같아 보이게 쓰진 않은 것 같은데 괜찮겠지? 여러분, 이 친구 좋은 친구예요. 오해 마세요.

스푼, 스푼!!!
말이 통하질 않아

"머니! 피프틴 위안!"

"%&*)%@%&(^%."

택시 기사님이 알 수 없는 말을 뱉으며 허허 웃고는 고개를 갸우 뚱 흔들었다.

'으아, 답답해!'

결국 종이를 꺼내 숫자 '15'를 적어 보여주었다. 그러더니 기사님 이 고개를 절레절레. 그는 내 종이와 볼펜을 가져가서 숫자 '20'을 적어주었다. 그다음은 내가 고개를 절레절레. 결국 우리는 '17'로 타 협을 보고 택시에 탑승할 수 있었다.

동양의 하와이라 불리는 중국의 하이난을 여행할 때 이야기다. 여행사 원정대 이벤트에서 알게 된 지인이 다시금 이벤트에 당첨되었는데, 지난번 나와 함께한 여행이 괜찮았는지 선뜻 나에게 동행을 제안한 것이다. 여행의 콘셉트는 자유여행이었다. 여행사에서는 항공과 리조트 예약 정도만 책임졌고, 세부 일정은 본인이 짜기 나름이었다. 하이난은 중국 내에서도 휴양지로 유명한 곳이기 때문에 별다른 걱정 없이 떠날 수 있었다. 그랬건만…. 중국 자유여행을 내가 너무 만만하게 봤나 보다. 여긴 시골도 아니니까 적당히 영어가 통할 줄 알았지….

"우리 테이블에 스푼이 없네. 스푼 달라고 할까요?"

내가 고개를 끄덕이자 동행인 언니가 리조트 레스토랑 직원을 불렀다.

"스푼, 플리즈!"

그랬더니 전혀 무슨 말인지 못 알아먹은 눈치였다.

"스푼, 스푼!!!"

여전히 모르겠다는 표정이 정말 우리를 당혹스럽게 만들었다. 최소한의 영어만 할 줄 알면 자유여행에 문제가 없을 것이라던 나의 고정관념이 박살났다. 심지어 20대 초반의 젊은 직원이었단 말이다.

우리의 자유여행은 고난의 연속이었다. 호텔 프런트나 관광지 영어 가이드를 제외하고는 단순한 영어단어조차 통하지 않으니 바디랭귀지로 열심히 설명할 수밖에 없었다. 영어를 쓰는 것보단 차라리 어디서 주워들은 몇 마디 중국어를 하는 게 더 나을 정도였다. 택시기사와는 매번 종이에 숫자를 적어 소통했고, 음식을 시키는 것도 오직 사진이나 옆 사람이 먹는 것을 보고 가리켜 시켜야만 했다.

하루는 버스 안에서 와이파이 라우터가 갑자기 먹통이 되었다. 구글맵만 믿고 탔는데…. 이곳의 버스 시스템은 그리 간편하지 않다. 우리나라처럼 목적지를 보여주는 화면이 없기 때문에 정신을 똑바로 차리고 있어야 한다. 게다가 '대륙'의 버스답게 정거장 사이의 거리도 무척이나 길기 때문에, 잘못 내리면 끝장! 매우 다행인 건 버스 안내원의 존재였다. '옛날엔 그랬지' 식의 소문으로만 들었던 존재를 실제로 마주했다. 우리가 내려야 할 곳을 미리 알려주고 오직 그만을 믿고 있었다. 와중에 '내 발음을 잘못 알아들었으면 어쩌지', '혹시라도 내려야 할 곳에서 얘기를 안 해주면 어떡하지' 걱정이 많았는데, 무사히 그의 도움으로 내릴 수 있었다.

내려서도 문제가 많았다. 일단 내리긴 내렸는데, 어떻게 가야 하지? 인터넷도 안 되고 말도 안 통하는 곳에서 어떻게 길을 찾으란 말이오!

"익스큐즈 미, 캔 유 스피크 잉글리쉬?"

일단 왠지 영어를 할 줄 알 것 같이 생긴(?) 젊은 사람들을 붙잡아보았지만, 전혀 못 알아들은 눈치다. 영어 소통은 포기하고 목적지를 외쳐보았지만 여전히 고개를 갸웃거린다. 나름 중국어처럼 발음한다고 했는데 실패했나 보다. 어떡하지? 이대로 포기해야 하는 것인가! 싶던 차, 우리 모두의 공통 글자 격인 '한자'가 떠올랐다. 그래,

말로는 소통이 안 돼도 글자로는 소통이 될 것이야. 휴대폰에서 일본어 자판기를 켜서 일본어로 한자를 작성해 보여주었다. 이제야 알아먹은 눈치다. 저쪽으로 가면 나온단다. 와…. 일본어 자판을 이렇게 써먹다니. 나의 기지에 리스펙트….

"헉, 헉. 어떻게든 오긴 했는데, 말이 안 통하니까 너무 힘들어요."

여행에서 말이 안 통하니 모든 것을 운에 맡길 수밖에 없었다. 말도 안 통하는데 그 와중에 갖가지 관광 서비스를 판매하려고 말을 거는 사람들도 귀찮기 그지없었다. 자꾸 말은 거는데, 무슨 소리 하는지도 모르겠고. 아, 필요 없다니까요?

하루는 여행사 직원과 함께 유료 히치하이킹(?)을 한 적이 있다. 운전사가 먼저 우리가 관광객임을 알아보고 '택시보다 싸게 태워주겠다'며 유혹한 것이다. 중국이니까 가능한 협상이었다.

"칭따오난산쓰."

"하오."

여행사 직원은 유창한 중국어로 소통을 시작했고, 가격 협상까지 무사히 마쳤다.

"헉, 너무 신기해요! 중국어 진짜 잘하시네요!"

"아니에요. 저도 잘 못 해요."

어차피 내가 못하니 그가 중국어를 잘하는지 못하는지 알 길이 없었으나, 아마 예의상의 겸손이 아니었을까 싶다.

"여기는 중국어를 못하면 자유여행은 불편한 것 같아요. 자꾸 호객꾼이 말을 거는데 무안하게 무시하고 지나갈 수밖에 없어서 왠지 미안하기도 하고요."

"아, 그럴 때는 '부!' 한마디만 하면 알아서 가더라고요."

"'부!'요?"

"네. 한자 '아닐 부不'자를 그렇게 읽거든요."

이날 배운 '부!'는 마법의 단어였다. 정확히는 '뿌!'에 가까운 발음을 하며 내리꽂듯이 지르면 된다. 나의 의지와 상관없이 말을 거는 이들에게 '부!' 한마디면 모든 것이 속사포로 해결되었다. '부!' 하나에 갑자기 많은 자신감을 얻었다. 매우 간단한 단어지만 현지인과 소통을 했다는 기쁨이 밀려 들어왔다.

세상 절경의 3분의 1은 중국에 있다는 말이 있다. 빼어난 경치와 만날 기회를 언어의 장벽으로 잃는다는 것은 매우 슬픈 일이다. 게다가 중국은 다양한 소수민족이 사는 땅. 경치와 더불어 호기심을 끄는 건축물도 상당히 많다. 숨어있는 여행지가 동양인인 나에게조차 동양적 판타지를 꿈꾸게 한다. 중국만 한 10번은 갔다는 사람을 만나 '지겹지 않냐'고 물어보면 '중국은 가도 가도 갈 곳이 계속 나온다'고 답할 것이다. 땅이 워낙 넓으니 매번 새로운 나라를 여행하는 것 같단다. 언제까지 패키지여행에만 의존할 수는 없는 셈. 이번 기회에 생각했다. 중국어, 언젠가 여행할 수 있는 만큼은 배워야겠다고.

그해 가을, 중국어 학원에 등록했다. 여행을 계기로 나의 학습 의

욕이 엄청나게 높아졌다기보다는 졸업 요건에 제3외국어가 필요했기 때문에 공부하기 시작했다. 복수전공 졸업요건에 그런 항목이 있었는데, 결국 부전공으로 돌리게 되면서 졸업에 써먹지는 못했다. 성조부터 시작해 기초 단계를 두석 달 공부하고, 별 건 아니지만 HSK 중국어수평고시 자격증도 땄다. 내가 취득한 2급은 초등학생도 공부하면 딸 수 있는 레벨이었다. 왠지 시험장에서 나만 성인이더라. 표의문자와 네 개나 되는 성조의 장벽에도 중국어 공부는 재미있는 축이었다. 어설퍼도 따라 읽을 때의 쾌감이 있는 묘한 언어다. 하지만 자격증 취득을 위한 중국어 공부는 취득과 동시에 바로 끝이 났다.

  몇 년 후, 엄마와 대만 여행을 위해 비행기 티켓을 끊었다. 대만은 중국어를 사용하는 나라지만, 중국과 달리 영어가 어느 정도 통한다. 그걸 알고 있음에도 본능이 다시 중국어를 기웃거리기 시작했다. 조금은 배워뒀으니까 지난 하이난 여행과는 달리 중국어를 실전에 써보고 싶어! 원래 쓸데없는 공부에 의욕이 생기면 더 재미있는 법이다. 누가 하라고 시킨 적도 없는데, 스스로 단기 목표를 세우고 중국어 공부에 들어갔다. 목표는 단순했다. 대만 여행에서 중국어 써보기. 인터넷에 검색만 조금 했더니 세상이 좋아져서 여행 중국어만 따로 가르치는 인터넷 강의가 있었다. 좋아, 너로 정했다.
  대만 여행을 D-DAY로 두고 한두 달 동안 하루의 시작을 중국어 공부로 열었다. 예전에 공부했던 중국어가 새록새록 다시 떠올랐다. 아, 맞다. 이런 게 있었지. 대충 공부하고 쉰지라 문법 같은 것은 거의 기억이 안 났는데, 여행용 실전 중국어도 표현이 거기서 거기인지라 금세 익숙해졌다. 입에서 먼저 안 떨어져서 문제지….

기적의 완강을 해내고 대만으로 떠났다.

"두 달 동안 중국어 공부했는데 쓸 수 있을까?"

"두 달 공부했다고 말이 나오면 아무나 다 하게."

"아, 그래도 나름 열심히 했단 말이야!"

숙소로 들어가며 이런 대화를 나눴건만, 일단 체크인을 영어로 했다. 다음날도 모든 말을 영어로 했다. "셰셰 감사합니다." 빼고는 중국어를 할 일이 없었다. 아니, 대만… 같은 중국어권인데 여행하기에 너무 쉬운 거 아닙니까? 일단 길 찾고 뭐고 물을 일이 잘 없었다.

"뚜어샤오치엔 얼마예요?"

"@#$&*^\$*^."

아, 망했다. 중국어 숫자 읽기는 의외로 복잡하다. 복습을 제대로 안 했더니 질문은 했는데 전혀 대답을 알아들을 수가 없었다. 다음부턴 그냥 '하우머치'만 써야지.

실전에서는 결국 영어가 먼저 튀어나왔다.

"Do you have any recommendation 추천 메뉴 있나요?"

식당 점원이 못 알아먹은 눈치다.

"레코멘데이션! 추천 추천!"

여전히 모르겠다는 눈치다.

"으아, 중국어는 모르겠고… 혹시, 오스스메?"

일본어를 써봤더니 이제야 알아듣는다. 으아, 영어도 아니고 일본어가 더 잘 통하다니! 나 중국어 공부 왜 하고 왔냐.

"중국어 쓴다더니, 왜 안 쓰냐?"

엄마가 시비를 걸었다.

"아, 쓸 거야. 기다려 봐."

당당하게 관광지 입장권 판매원에게 갔다.

"니하오, 량짱 2장!"

판매원이 표 두 장을 건네주었다.

"봤어? 중국어 쓰잖아."

두 달간 공부한 것 치고는 너무 간단한 단어만 쓰고 있었다는 것이 문제였지만…. 일단 몇몇 단어들을 유용하게 쓰긴 했다. '쩌거 이것', '이끄어 1개' 같은 단어들만 실컷 쓰고 왔다.

"칭칭이디얼 살살 좀 해주세요!"

한번은 발마사지를 받다 배웠던 문장 하나를 드물게 발사했다. 거의 묵언 수행을 하며 마사지를 하고 있던 마사지사가 갑자기 너 중국어 할 줄 알았냐며 온갖 질문을 하기 시작했다. 헉, 잠시만요. 뭐라는지 모르겠어요. 나름대로 열심히 공부했지만, 나의 중국어 내공은 아직도 한참 부족한 것으로 판명이 났다. 여행 중에 가장 많이 썼던 중국어는 결국 '니하오', '셰셰'와 더불어 '팅부동'이었다. '중국어 못

한다'는 뜻이다. 발음을 정확하게 하면 혹시라도 할 줄 아는 것으로 오해할 수 있어 일부러 성조를 죽여서 한국식으로 발음하는 과한 배려까지 보였다. 다음 중화권 여행에선 '팅부동'의 횟수를 줄여보는 것이 목표다. 그때가 되면 또 접어두었던 중국어 공부가 다시 하고 싶어지는 날이 오겠지. 언젠가는 중국어로 여행을 꼭 하고 말 테다.

1 바선생과의 동거

2 일주일에 72유로짜리 호스텔의 비밀

3 내가 어쩌다 여기 누워있는 거지?

4 2,000m 고지대 산골 버스에서 응급상황이

4장

벌레의 습격과
갑작스런 질병에
고통 받는 여행자

바선생과의 동거

2년여 전, 인터넷에 이런 글 하나가 올라와 SNS를 달궜다. 제목은 '키 160cm의 바선생'이랑 한 달 동거하고 100억 받는다면 할 거임?'이었다. 상상만 해도 끔찍한 이 글에는 여러 가지 조건이 더 첨부되어 있었다. 동거할 바선생은 하루에 두 번이나 씻을 정도로 깨끗하단다. 다만 당신은 바선생이 씻는 다음에 씻어야 하고, 바선생이 몸을 닦은 수건으로 몸을 닦아야 한다. 밥은 바선생이 차린다. 요리 실력도 좋단다. 그런데 하루 한 끼는 무조건 겸상을 해야 한다. 당신이 밥을 맛있게 먹으면 키 160cm의 바선생은 기뻐서 날개로 기지개를 켠다. 외로움을 많이 타서 일주일에 두 번은 안고 자야 한다는 조건까지 붙었다. 대신 성격은 매우 신사적이

---

* 바퀴벌레를 뜻하는 인터넷 신조어. 단어조차 혐오스러워서 순화시킨 것이 아닌가 싶다. 바퀴벌레라는 글자만 봐도 혐오스럽기에, 이 글을 쓰는 나 또한 가능한 바선생으로 순화시켜 쓰고 있다.

라고 한다. 이 끔찍한 이야기를 읽고 '100억이 뭐야, 만수르가 되도 안 한다'라고 생각했다. 그런데, 생각보다 많은 사람들이 '밸런스 붕괴'라고 생각할 정도로 바선생과의 동거를 선택했다. 아니, 다들 바퀴벌레가 단순히 더러워서 싫어하는 거였어? 또 나만 진심으로 혐오하는 거였냐고!

그렇다. 나는 벌레가 너무 너무 너무 무섭다. 어느 정도로 무서워하냐면, 에프킬라에 그려진 벌레 그림도 혐오스러워 가려놓고, 벌레를 잡아 죽인 곳은 당분간 맨발로 밟지도 못하는 식이다. 벌레의 흔적들이 머릿속에서 끊임없이 재생된다. 그중에서도 벌레의 대명사 바선생은 무지하게 끔찍하다. 다행히 바선생께서도 나를 썩 좋아하진 않는지, 바선생과 엮인 일화가 그리 많지는 않지만.

어릴 적 바선생은 내게 귀신과 같은 존재였다. 무슨 뜻이냐면, 실체를 확인해본 적 없는 것을 소문으로만 듣고 무서워했다는 말이다. 어릴 적 내가 살던 아파트는 개미나 거미와의 동거가 잦았는데, 웬일로 바퀴벌레가 등장하는 일만은 드물었다. 딱 한 번, 부엌에 바퀴벌레가 나타났다는 소식을 듣고 나는 식탁 위로 올라가 벌벌 떨었다. 그 사이 엄마는 바선생을 처리해주었다. 나는 바퀴벌레 그림자도 못 보았지만 일단 사건은 해결되었다.

벌레와의 본격적인 전쟁은 집 나와 혼자 살면서부터 시작되었다.

아파트라는 집단 방역 체계에서 벗어나 주택가에 방 한 칸을 얻어 사니 여름이 이렇게 고통스러울 수가 없었다. 서울로 올라와 첫 보금자리를 튼 곳은 대학가였는데, 바선생이 많다고 소문난 지역이었다. 하지만 운도 좋게 우리 집엔 바선생이 찾아오지 않으셨다. 하지만 바선생의 천적으로 알려진 돈벌레님들께서 종종 찾아오셨다. 어떤 분께서는 길이가 내 손가락보다 길었으며, 빠르고 수많은 다리를 자랑하셨다. 돈벌레는 바선생을 잡아먹는 익충이라던데, 아니 비주얼이 저 정도면 해충인 거지!!! 비주얼이 바선생 저리가라잖아요! 돈벌레 선생은 바선생과 달리 에프킬라 한 방이면 금방 죽어버린다. 하지만 매번 양 조절을 못해 녹아내린 돈벌레의 시체를 치우는 게 너무 고통스러워 혼자서 엉엉 울곤 했다.

교환학생으로 오사카에 1년 정도 갔을 때, 가장 걱정이 되었던 부분은 다름 아닌 바퀴벌레였다. 나는 1인 자취방을 대여했기 때문에 바선생 출몰 시를 미리 대비해야 했다. 왜냐하면 일본 바선생은 개체 수도 많을 뿐더러 한국 바선생보다 사이즈가 크시다…. 지난 도쿄 여행에서 자동차에 밟혀 터지는 바선생을 목격한 이후로 나의 트라우마는 배가 되었다. 오사카에 오자마자 며칠 안 되어 바선생 대비를 위해 마트를 찾았다. 일본은 에프킬라 종류도 얼마나 다양한지 모기용, 거미용에서부터 바퀴벌레용까지 온갖 종류가 나열되어 있었다. 종류별로 다 사면 4천 엔은 족히 나올 것 같아서, 가장 세 보이는 바선생용 에프킬라를 하나 구입했다. 한번은 모기가 출몰해 바선생용 에프킬라를 뿌렸는데, 에프킬라가 얼마나 센지 모기가 수직으로 똑 떨어져 즉사했다. 에프킬라에 깊은 신뢰감이 생긴 나는 머리맡에 항상 에프킬라를 비치해두고 살았다. 언제 나올지 모르는 벌레 퇴치를 위하여. 그 와중에 항상 바선생 그림이 보이지 않게 뒤로 돌려 비치했다.

　여름에는 바선생께서 주로 밖을 쏘다니다 가을이 돼야 따스한 실내로 들어오신다. 위층에서 바선생이 출몰했다는 소식이 점점 들리기 시작했다. 내 심장은 벌써 바선생이라는 공포에 잠식당해 버렸다.
　저녁 약속을 위해 옷 박스를 뒤적거리던 날, 드디어 그분께서 찾아오셨다. 옷가지 사이에서 갈색의 무언가가 휘리릭 나타나더니, 이내 밝은 빛이 싫었는지 옷가지 안으로 숨어들어 갔다.
　"……."
　너무 놀라면 비명도 안 나온다던데, 진짜였다. 상황 파악을 위해 몇 초간 머리를 굴리고, 바선생께서 오셨음을 인지했다.
　'미치겠네. 엉엉.'
　당장 안전한 침대 위로 올라가 경건한 자세로 집주인에게 전화를 걸었다.
　"바퀴벌레가 나왔는데, 제발 좀 잡으러 와주시면 안 될까요? 저 혼자서는 도저히 못 잡겠어요. 제발요."
　그는 알겠으니 30분쯤 기다리라고 했다. 30분이 이렇게 긴 시간이던가. 침대 위에서 옴짝달싹 못 하고 경건하게 그를 기다렸다. 1시간 같던 30분 후, 그는 구세주처럼 등장했다. 옷 박스 안에 바선생이 있음을 알리자, 복도로 박스를 끌고 가 자연스럽게 바선생을 퇴치해주셨다. 그리고 방 안에서 겁먹고 기다리고 있는 나에게 왔다.

"아주 귀여운 아기 바퀴벌레네."

"네?"

잠시만요. 아기 바퀴벌레요? 이미 사이즈가 내 손가락만 했던 것 같은데요?

"그거 알아? 바퀴벌레 한 마리가 나타나면 이미 수백 마리가 있는 거야."

"그런 무서운 소리 하지 말아주실래요?"

바선생이 전혀 무섭지 않아 보이는 그는 능글맞은 농담을 던지고 총총 사라졌다.

그의 농담 같지 않은 농담에 질겁했으나, 다행히 그 이후로 내 방에서 바선생과 만날 일은 없었다. 다음 해가 되었다. 본격적인 오사카의 여름과 만나는 첫해였다. 길거리에 바선생의 개체 수가 늘고 있다는 불안감이 점점 현실로 다가왔다. 당시 아르바이트를 마치면 자정이 넘어 집으로 돌아오곤 했는데, 뻥 안 섞고 역에서 집까지의 3분 거리에서 하루 평균 2~3마리의 바선생과 마주쳤다. 어두워서 실루엣만 보였기에 망정이지. 엉엉.

"오키나와 리조트에서 일하면 어떨까?"

"그것도 괜찮네."

"근데 오키나와 여름에 바퀴벌레 짱 많대."

"그래? 그럼 기각."

일본에서 보금자리를 틀지 않은 이유엔 여러 이유가 있지만, 그중 하나는 정말 바퀴벌레였다.

이번엔 몰타로 어학연수를 갔을 때의 이야기다. 휴양지니까 당연히 봄과 여름이 좋을 거로 생각하고, 4월에 떠나 8월에 돌아왔다. 그런데 내가 또 망각한 사실이 있었다. 여름은 바선생의 계절이라는 것을.

숙소에서 처음 몰타의 바선생과 만났을 때, 나는 깜짝 놀랐다.

'아니, 이 새끼들! 일본 것들보다 훨씬 더 크잖아!!!!'

본격적인 여름이 되자, 발육이 잘되신 바선생의 출몰이 늘기 시작했다. 이들은 점차 밤거리를 정복하기 시작했고, 숙소에도 종종 출현하셨다. 그나마 위안이 되는 사실은 이 숙소에는 나 혼자만 사는 게 아니라는 점이었다. 도움을 요청할 강심장들이 있으니 안심이 되었달까. 게다가 반지하에 있는 1인실은 이미 바선생 소굴이 되었다는 소식에 2인실을 신청하길 진심으로 잘했다고 생각하고 있었다.

몰타에서는 24시간 슬리퍼만 신고 다녔었는데, 진심으로 운동화를 신고 나가야 하나 고민이 되었다. 밤거리라면 언제 어디서 바선생을 밟아 터트릴지 모르는 일이었다. 혹시나 그들이 내 발등 위로 올라온다면, 으아아아아아!

7월이 되자, 나는 유럽 본토를 여행하기 위해 몰타를 2주간 떠났다. 지긋지긋한 더위도 소름 끼치는 바퀴벌레도 잠시만 안녕이다, 이 자식들아! 2주 후 만난 룸메이트의 표정이 영 좋지 않았다.

"너 없는 동안 더워서 밤에 문 열고 잤거든."

방충망도 없는 나라기에 이 말은 즉 벌레가 들어오면 그냥 동거하겠다는 이야기다. 그런데 그 더위에도 에어컨이 없는 방이었기에 당연히 그럴 수 있었다. 둘이서 함께 방을 쓸 때도 자주 그랬으니까. 내 침대가 창문 쪽이 아니어서 쉽게 할 수 있는 이야기기도 하다.

"새벽에 바퀴벌레가 날아와서 내 얼굴에 부딪히고 갔어."

"뭐?"

"너무 놀라서 그냥 방문 열어줘 버렸어. 복도로 나가라고. 애들 더우니까 다 요즘 문 열고 자잖아. 밤에 온 방을 싸돌아다녔는지, 목격담이 어마어마하더라."

"아니, 잠시만. 그 전에 얼굴에 부딪혔다고?"

오, 마이, 갓. 신이시여, 제가 그 시기에 여행을 떠나서 정말이지 다행입니다. 다시 몰타를 찾게 된다면 나는 절대 여름엔 가지 않을 것이다. 끔찍한 더위와 더 끔찍한 바선생의 콜라보레이션은 여기까지 겪어봤으면 족하다.

일주일에 72유로짜리
호스텔의 비밀

"유럽 가보니까 괜찮았어?"

"야, 말도 마라. 파리에 테러 났을 때 무서워 죽는 줄 알았음."

"진짜 무서웠겠다."

프랑스로 1년간 어학연수를 다녀온 고등학교 친구를 만났다. 몰타로 어학연수를 가기로 결심이 설랑 말랑할 때였다.

"유럽 다닐 때 여행 꿀팁 뭐 이런 거 없어? 경험자니까 좀 알 거 아냐."

"음…. 여름에 가니? 숙소 예약할 때, 베드버그 있는지 없는지 후기 꼭 확인해라."

"베드버그? 그게 뭔데?"

"그 뭐냐, 빈대 같은 거거든?"

"윽, 빈대? 21세기에 빈대에???"

"여름에 베드버그 있는 숙소 은근히 많거든. 나는 다행히 싹싹 뒤지고 다녀서 한 번도 안 물렸는데, 물리는 사람들 좀 있다더라."

"그래? 물리면 어떻대?"

"모기보다 훨얼씬 간지럽다던데. 잘 낫지도 않고."

"오키오키. 꼭 기억하고 있을게!"

라고 말했던 과거의 기억이 되살아났다. 어떻게 이걸 완전히 잊고 있었지? 머리를 한 대 치고 내 팔을 바라보았다. 살결 위로 빨간 점들이 일렬로 찍혀 있었다. 그렇다. 나는 이미 베드버그에 물린 후였다.

일주일 전이었다.

"앞으로 뭐 할 건데?"

"글쎄."

여기는 헝가리 부다페스트의 한 에어비앤비. 유럽 배낭여행 중간에 합류해 2주간 함께한 친구와의 마지막 여행지였다. 부다페스트 3일 여행을 끝으로 친구는 바로 독일로 돌아가 한국행 비행기를 탈 예정이었고, 나는 2주 안에 몰타로 돌아가 한국행 비행기를 타야만 했다. 물론 몰타-인천 직항은 없으니 한 번 갈아타야 한다. 앞으로 2주간의 일정은 전혀 정해진 바가 없던 참이었다. 지갑 사정을 한번 들여다보고, 길고 빡센 장기 여행으로 만신창이가 된 심신도 다시 한 번 체크해보았다.

"그냥 부다페스트에서 일주일 더 머무르다가 몰타로 돌아가야겠어. 어차피 몰타 가봐야 이미 방 빼서 집도 없고, 물가도 여기가 더 싸잖아."

"여행 더 안 하고?"

"응. 크로아티아로 갈랬는데, 거기서는 몰타 가는 직항도 없고 루트도 애매하고 돈도 다 떨어진 것 같아서. 그냥 여기서 쉴래."

군은 결심이었다. 먼 유럽까지 와서 이동하지 않고 쉬겠다는 것은 나에게 있어 어마어마한 선언이었다. 돈이야 졸라매면 어떻게든 된다 해도 크로아티아 여행을 시작할 마음의 여유조차 사라졌다니. 여행이라면 사족을 못 쓰던 나에게도 이런 시기가 왔다.

"그럼 숙소라도 빨리 예약해야겠네."

"응, 지금 하려고."

침대에서 뒹굴거리며 숙박 예약앱을 이리저리 탐색했다.

"야, 이 호스텔 괜찮아 보이는데 진짜 싸다. 여성 전용에 심지어 전부 1층 침대야."

"얼만데?"

"6박에 72유로."

"미쳤네. 사진 보자."

"여기."

친구에게 보여준 그 숙소는 여러모로 최적의 조건이었다. 괜찮은 위치, 저렴한 가격, 깔끔한 방, 넓은 화장실, 24시간 프런트 데스크. 게다가 쾌적해 보이는 1인 침대에 1인용 콘센트까지. 마다할 이유가 없었다.

"오, 여기 빨리 예약해."

"당장 예약해야겠다."

대충 보니 평점도 가격 치고 나쁘지 않아 보여 자리가 없어질세라

후딱 예약을 끝냈다.

이틀 뒤 친구와 나는 포근했던 에어비앤비 숙소와 작별했다.

'고마웠다, 멋진 보금자리여….'

친구는 부다페스트 공항으로 향했고, 나는 새롭게 부다페스트에서의 6박을 책임져 줄 호스텔로 향했다. 에어비앤비에서도 걸어서 15분 정도면 도착하는 거리였다. 친절한 직원은 6인실을 예약한 나를 4인실로 업그레이드해줬다. 야호! 널찍한 1인 베드에 누워 있으니 편하기 그지없었다. 지금껏 이용해왔던 호스텔의 2층 침대들이 머릿속을 스쳐 갔다.

'아무리 봐도 이 가격은 말이 안 된단 말이지.'

단점이 아예 없는 것은 아니었다. 방에 따라 다르겠지만 내가 이용한 방은 채광이 거의 들지 않았다. 하지만 그 당시만 해도 뱀파이어적 습성이 남아 있던 나에게 볕 좋은 방이란 별다른 장점이 아니었기 때문에 아무런 문제가 되지 않았다. 그러나 또 하나의 치명적인 단점이 있었으니, 바로 건물 안에서 데이터 유심이 안 터졌다. 이 좋은 침대에 누워, 이 좋은 콘센트를 머리맡에 두고도 인터넷을 할 수 없다니! 약간 화가 나려 했지만, 다시 한 번 숙박 요금을 떠올렸다. 6박에 72유로. 바로 용서했다.

부다페스트에서 보낸 나머지 일주일은 정말 내 인생에 처음 겪어보는 여행방식이었다. 그날그날 눈을 뜨면 하고 싶은 일을 정했다.

딱 한 번 슬로바키아로 당일치기 여행 간 것을 빼면 모든 것이 즉흥에 가까웠다. 어떤 날은 같은 방을 쓰는 한국인 투숙객을 따라 가이드북엔 없는 힙플레이스를 찾아가기도 하고, 어떤 날은 내가 제안해 세체니 온천을 함께 가기도 했다. 6일간이나 같은 곳에 숙박하면 투숙객도 계속 달라진다. 갈수록 게을러진 나는 모든 투숙객이 방을 떠나면 정오가 되어 슬슬 밖으로 나섰다. 배가 고파서 나갔다고 하는 게 더 옳겠지만. 세월아 네월아 식사를 날라주는 가게에 가서 런치를 먹고, 에어컨 바람이 빵빵한 스타벅스에 가서 빠른 와이파이를 즐기며 온종일 유튜브나 봤다. 고향의 문화가 그리웠는지 한동안 먼 존재였던 K-POP 아이돌의 무대나 보며 '아, 이거지! 음악은 이렇게 파워풀해야지!' 하며 국뽕에 젖어 올랐다. 저녁이 되면 헝가리 수프와 맛있는 맥주를 파는 가게에 가서 혼술을 하고, 숙소로 돌아와선 다국적 투숙객들과 온갖 수다를 떨다가 잠자리에 들곤 했다.

하루는 매번 수다를 떨던 태국인 친구의 몸에서 빨간 자국이 발견되었다.

"너, 모기 물렸어?"

"모르겠네. 이런 자국이 생겼더라."

빨간 점들이 일렬로 네다섯 개가 솟아있었다.

"나도 그런 거 있어. 가렵진 않은데."

그 이야기를 듣고 있던 러시아인 투숙객이 다리를 보여주며 말했다. 다들 불쌍하기도 하지. 모기에 물렸거나 피부가 예민한 친구들의 피부병인가보다 싶었다.

그러나 이 숙소에서 4~5박 정도 한 뒤 내 몸에도 붉은 반점들이 생기기 시작했다. 모기도 아니고 뭐지? 그다지 간지럽지도 않았고, 딱히 숙소에서 모기를 본 기억도 없었다. 모기 물린 것치고는 모양도 이상해서 숙소의 물이 안 좋은가 싶었다. 피부병이 드디어 나에게도 옮은 건가!

체크아웃 하는 마지막 날 잠에서 깼다. 팔에 일렬로 난 빨간 자국들이 간지럽기 시작했다. 피부병이 드디어 간지러움을 드러내기 시작했군! 팔을 긁다가 내 몸 구석구석을 살펴보았다. 어라…. 언제 이렇게 뭐가 많이 났지. 일렬로 난 빨간 자국들이 양팔이며 양다리, 심지어 배꼽 근처까지 나 있었다. 뭘까?

부다페스트에서 몰타로 가는 비행기를 탔다. 팔이 가려워 또 긁기 시작했다. 그러다가 문득, 기억이 난 것이다. 혹시? 그때 그 친구가 말했던 그 벌레가?????? 갑자기 범죄 추리 영화의 범인이 밝혀질 때처럼 온갖 이야기들이 조각처럼 맞아 들어갔다. 방에서 묵은 모든 이들에게 생겨나는 붉은 반점들… 하얀 시트 위에서 발견되었던 조그만 벌레 하나…. 으아악! 나 베드버그 물린 거 아니야???

비행기에서 내리자마자 베드버그를 검색해보니 모든 게 꼭 들어맞았다.

'일렬로 빨간 반점들이 생기고요.'

'모기와 달리 피부의 연한 부분을 공략합니다.'

'육안으로도 보입니다.'

'집단생활을 하지요.'

'햇빛이 안 들고 청소를 잘 안 하는 숙소에는 베드버그 출몰 확률이 높습니다.'

'물리면 모기에 물린 것보다 10배는 가렵습니다.'

아, 햇빛 더럽게 안 들고 청소도 왠지 제대로 안 하더라니! 싸다고 좋아했는데 베드버그 서식지였다니이!!! 모기 물린 것보다 10배는 더 가렵다는 말 빼고 모두 정확했다. 개인차가 있는 것인지 나를 문 베드버그 녀석(들)이 힘이 없는 것인지, 나는 굳이 따지자면 모기 쪽이 더 가려웠다.

몰타 쓰리시티즈에 예약해둔 호스텔에 도착하자마자 모든 짐을 끌고 옥상으로 올라갔다. 옥상에 모든 짐이며 옷을 꺼내놓고 털고 펼쳤다. 베드버그가 옷이나 가방에 묻어올 수 있기 때문에 꼭 햇볕에 노출해야 한다는 말을 읽었기 때문이다. 아, 베드버그 때문에 귀찮게 이게 무슨 일이야! 평소에는 짜증을 유발했던, 이글이글 타오르는 지중해의 햇빛이 그날따라 위안이 되었다. 태양이여, 활활 타올라라. 날 따라온 베드버그들을 모두 몰살시켜주오.

"한국인 손님은 당신이 두 번째인 것 같아요."

쓰리시티즈에서 예약한 호스텔은 예술가 부부가 집을 개조한 곳이었다. 물론 그저 그 날짜에 가장 저렴했기 때문에 예약했을 뿐이지만 엄청나게 예술적인 공간이었다. 침대며 화장실이며 그 모든 것이 원시주의 디자인에 원색의 컬러로 칠해져 있었다. 피카소나 폴 고갱이 환생해 이 공간을 꾸며놓은 것만 같았다. 그렇지만 여기는 쓰리시티즈. 나름대로 관광지지만 몰타의 A급 관광지들의 유명세에 밀려, 오는 사람만 오는 곳이다. 그래서인지 일단 편의시설이고 뭐고 찾기가 힘든 시골 동네다. 결정적으로 교통이 구리다. 친구들이 있는 도시는 비싸서 예약을 못 하고, 휑한 방 안에서 베드버그의 흔적이나 찾고 있다니. 옷을 들추고 배까지 까서 베드버그에 물린 자국을 하나하나 세어보니 30방이나 물렸더라. 대단하다, 아주. 그 방에서 6박이나 했으니, 아주 '물어 주세요' 해준 꼴이다.

다음날, 오랜만에 내가 몰타로 돌아왔다는 이야기를 듣고 유학 생활 친구가 되어주었던 동생이 쓰리시티즈까지 찾아온단다.

"뭐? 여기까지 오겠다고? 뭐 하러? 나 3일 뒤면 세인트줄리안으로 갈 거야!"

"오랜만에 쓰리시티즈 구경이나 하죠, 뭐!"

그리고 몇 시간 후 진짜 이곳까지 납셨다.

"누나, 어디 가고 싶은 데 있어요?"

"약국. 약국 가자."

"네?"

"베드버그 물렸을 때 바를 약 사러 약국부터 가야 해. 엉엉."

아, 참.

이곯은 한꾦쨟랎들을 읽해섶 꽁익의 묶쩍읅롯 쓰엽졌쏩니닭.

옮페랇호슭뗈 베듥벏그 낤와욕. 엯끼 가죎맞셬엳.

내가 어쩌다
여기 누워있는 거지?

"오, 이런 눈은 처음 보네요."

오사카의 동네 의사 선생님이 말했다. 작은 주택 1층을 개조한 이 병원에는 간호조무사 두 분과 연로한 의사 선생님 한 분만이 계셨다.

"아, 예. 제가 한국에서 렌즈 삽입술이라는 시력 교정 수술을 해서요."

피부과와 안과라는 전혀 공통점 없어 보이는 두 가지 분야를 겸하는 동네 병원 의사는 신기하다는 듯 내 눈을 오래도록 관찰했다. 심한 안구건조증과 환절기 알레르기를 겪는 나는 주기적으로 안과 처방이 필요한데, '이런 눈은 처음이다'라는 의사의 말에 불안감을 느낄 수밖에 없었다.

"정말 눈 안에 렌즈가 있네요."

"네…."

"이물감이 느껴지진 않나요?"

"네…."

"오, 신기하네요."

으음, 이게 환자가 의사한테 들을 말인가? 의사 선생님은 내 눈을 바라보며 마치 외국의 신문물이라도 보는 듯하더니, 오랜 구경을 마치고 안약 몇 개를 처방해주었다. 의문의 구경거리가 된 기분이었다.

해외에서 장기 체류하다 보면 평소 복용하던 약이 다 떨어질 때도 있고, 갑자기 아플 일이 생기기도 한다. 단기라면 몰라도, 장기 체류라면 병원 방문은 피할 수 없기 마련이다. 나의 경우에는 가벼운 증상은 학교 보건실을 이용했고, 전문의 상담과 약 처방이 필요한 경우에만 병원을 이용했다. 다행히 일본은 건강보험이 그럭저럭 잘 갖춰진 나라였고, 유학생인 나도 수월하게 건강보험에 가입할 수 있었다. 병원에 방문하면 약값을 포함해 보통 800~1,500엔 정도의 금액을 지불한 기억이 있는데, 이 정도면 나쁘지 않았다. 그렇지만 해외에서 병원을 이용하는 건 썩 유쾌한 경험은 아니다. 미묘하게 한국의 의료체계와 다를뿐더러, 일단 나의 병세를 일본어로 설명할 자신이 없었다. 예를 들어 '배가 아파요' 정도는 말할 수 있어도, 어디 쪽 배가 어떤 식으로 아픈지까지 설명하는 것은 꽤 고난도 회화에 속했다. '체 끼가 있어요', '메슥거려요', '장이 꼬인 것 같아요', '헛구역질이 나요' 같은 것들은 모국어가 아니면 표현이 어렵다. 학습서에서도 가르쳐 준 적 없고 드라마에서도 이런 표현을 볼 일은 잘 없으니 결국 병원 방문은 외국인들에겐 고난도 미션인 셈이다. 안 그래도 어려운 병원 방문을 말도 못 하는 채로 혼자 한 적이 있다. 최근 반평생 동안 가장 아팠던 기억이다.

겨울이 끝나고 봄이 다가오는 시기였다. 이때 많은 이들이 실수를 저지르곤 한다. 겨울은 가고 봄이 완전히 왔다고 착각한다. 3월 첫 주 혼자 떠났던 돗토리 여행에서 나도 똑같은 실수를 저지르고 말았다. 일본에서 보낸 겨울이 워낙 온난했기에 이번 여행이 추울 수 있다는 생각을 전혀 못 했던 것이다. 여행이 끝나는 날 돗토리 사구 위에 올라 바닷바람을 맞았다. 이처럼 큰 해안사구가 형성될 수 있다는 것은 바닷바람이 매우 세차다는 뜻인데, 그걸 왜 몰랐을까…. 오사카로 돌아오는 길은 JR 청춘 18 티켓*을 이용해 일반 전철로만 이동했다. 거리상으로는 그렇게까지 멀어 보이지 않았는데, 일반전철로만 환승해서 이동하다 보니 총 6시간 이동, 5번 환승이라는 기적의 스케줄을 소화해야만 했다. 이 6시간의 이동 중에 내 몸이 점점 이상해져 간다는 것을 깨달았다. 기침이 나기 시작하더니, 열차를 하나하나 바꿔 탈 때마다 점점 목이 붓고 있었다. 오사카에 도착할 즈음부터는 미열이 나기 시작했다. 이때만 해도 평범한 몸살감기라고 생각했다. 더 큰 모험이 기다리고 있을 것이라곤 생각지도 못하고….

---

* 하루 2,000엔 대에 JR 노선이 깔린 일본 전 지역을 이동할 수 있는 티켓이다. 당연히 특급열차와 신칸센은 이용 불가. 그래서 돈은 없고 시간만 남아도는 여행자들이 이용한다. 명칭과 달리 청춘이 아니어도 누구나 이용할 수 있다. 대신 5일권을 동시에 구입해야 하며, 구입시기와 사용가능 시기가 한정되어 있다.

이삼일 정도의 휴식 후 상태가 약간 호전되자 나는 다시 거리로 나섰다. 다시 싸돌아다니기 시작한 것이다! 나는 젊었고, 건강했 _{다고 믿} _었다. 스스로의 신체에 대한 믿음이 있었달까. 맹신은 금물이라더니, 결국 찬바람을 맞고 다시 앓아눕고 말았다. 온종일 목이 너무 아프고 따가웠다. 끼니를 챙겨 먹는 것도 힘들어서 종일 굶고는 침대에서 버텨보기로 했다.

'하루 푹 쉬고 다음날이면 좀 괜찮아지겠지.'

다음날 눈을 떴다. 극심한 통증과.

'어, 뭔가가 이상한데?'

목이 화끈하게 달아올라 부어있었다. 꼴깍 침을 삼키려고 해보았지만, 침조차 삼킬 수 없었다. 목소리조차 나오지 않는 상태. 숨이 들어갈 때마다 목이 따가워 고통스러웠다. 이걸 어쩐담. 원래도 목이 예민한 편이긴 하지만, 이 정도까지 부어본 적은 없어서 당황스럽기 그지없었다. 심한 병이면 어쩌지?

곧장 정신을 차리고 병원으로 향했다. 구글맵을 켜서 가장 일찍 문을 여는 동네 이비인후과를 찾았다. 일본에 와서 아직 이비인후과는 단 한 번도 가보지 못했는데, 나 혼자 이 상태로 내 증상을 잘 설명할 수 있을까?

"처음… 왔는데요…. 목이… 너무… 아파요…."

접수를 하던 간호조무사는 내 상태를 보고 심상치 않은 환자가 왔음을 깨달았나 보다. 별달리 꼬치꼬치 캐묻지 않고 빠른 접수 후에 나를 진료실로 안내했다.

"어디가 어떻게 얼마나 아프죠?"

친절한 의사 선생님이 내게 물었다. 그런데 친절을 느낄 겨를도 없이 고통이 밀려 들어왔다. 목이 너무나도 따가웠다.

"말을… 못 하겠어요…."

숨이 들어찰 때마다 목을 찌르는 고통에 눈물을 뚝뚝 흘리면서 말하자 진료실에 있던 모두가 당황하기 시작했다.

"음, 많이 아픈 건가요?"

"네…."

통증에 조건반사처럼 흘러내리는 눈물이었다. 눈물을 주룩주룩 흘리며 간신히 몇 마디를 얹자 의사 선생님께서는 '편도가 심하게 부었다'는 진단을 내리셨다.

"너무 괴로워서 일상생활이 불가능할 정도면, 지금 더 큰 병원으로 가야 할 거예요. 의뢰서 써줄까요?"

"네…."

"전철 타고 두 정거장 가서 환승도 한 번 해야 하는데, 혼자 갈 수 있겠어요?"

"네…."

숨을 쉴 때 목이 심하게 아픈 것뿐이지 몸은 움직일 수 있는 정도여서 혼자 병원까지 갈 수는 있을 것 같았다. 훗날 이 이야기를 친구에게 해줬더니, "나를 부르지 왜 그랬어?"라는 답을 받았지만 그

땐 사람을 부르는 데 소요될 체력이 더 클 것 같았다. 그때는 의지할 곳 하나 없이 나 하나만을 믿고 일단 큰 병원으로 가야 한다는 생각뿐이었다.

"접수하시겠어요?"
"네…."
다 죽어가는 목소리로 상급병원 의뢰서를 꺼내니 그 자리에서 뚝딱 진료 카드를 만들어주었다. 몇 분을 기다리다 진료실에 들어가서 똑같은 이야기를 반복했다.
"제가… 목이… 너무… 아파서… 말을… 못 하겠어요…. 편도가… 부었대요…."
상급병원답게 의사 선생님은 더욱 빠른 검사와 정확한 진단을 내렸고, 주사와 수액을 좀 맞고 가라는 지시도 함께 내렸다. 한국에서도 수액 맞아본 지가 어언 10년이 흐른 것 같은데, 남의 나라에 와서 이게 웬 말인가. 큰돈이 청구되면 어쩌나 싶어 아주 잠시 티끌만큼 고민했지만, 큰돈이고 뭐고 일단 살아남아야겠다는 생각이 들었다.
침상에 누우니 기가 막히게 온몸이 노곤해졌다. 간호사는 팔에 혈관이 잘 보이지 않는다며 여러 곳을 찔렀지만, 이미 몸져누운 나는 그가 여러 번 찌르든 말든 개의치 않았다. 주삿바늘의 고통까지 신경 쓸 겨를이 없었다고 해야 하나. 결국 손등에 주사를 꽂고 오래도록 수액을 맞았다. 아침부터 있었던 일들이 주마등처럼 지나갔다.
'대체 이게 무슨 일이야. 내가 어쩌다 여기 누워있는 거지?'

며칠 전 돗토리 사구의 낙타 위에 올라탄 기억이 나서 혹시라도 메르스에라도 걸린 것이 아닌가 하는 나름의 합리적 의심(?) 마저 들었다. 마침 한국에서는 메르스가 기승이던 시기였다. 의식이 몽롱해지더니 이내 긴 단잠이 빠져들었다.

정신을 다시 차렸을 땐 이미 두어 시간이 지난 후였다. 침상에서 내려오니 의외로 몸이 가뿐해져 있었다. 편도를 찢는 듯한 고통도 조금은 사그라들었다. 수액 만세, 만만세! 이날의 병원비용은 총 7~8천 엔 정도가 청구되었다. 혹시라도 큰 병에 비싼 수액일까 봐 잔뜩 긴장하고 있었는데, 낼만한 비용이 나와서 안도의 한숨을 쉬었다.

"소 지손 상, 약 안내해드릴게요."

"네."

"이 약은 어쩌고저쩌고."

섬세한 일본 약국답게, 약사는 약 리스트를 주욱 뽑아 주며 한 알 한 알의 성분과 효능, 주의점을 읽어주었다. 어려운 용어들이 너무 많이 등장해 절반은 흘려들으며 알아듣는 척했지만.

"약 수첩 들고 오셨어요?"

"아, 까먹었어요."

"그럼 스티커 드릴 테니, 약 수첩에 꼭 붙이세요."

약 수첩이 뭐냐 하면, 아날로그 방식을 너무나도 사랑하는 일본답게 환자가 여태껏 처방받은 약들을 정리한 개인 수첩이다. 환자 스스로에게 복용 중인 약을 알리고, 의사와 약사에게는 중복처방을 방

지하는 역할을 한다. 디지털 강국에서 온 나에겐 너무나도 낯선 방식이었지만. 집에 와 약 수첩에 처방 스티커를 붙이면서 정말 큰일을 치렀다고 생각했다. 대견하다, 나 자신!

큰일을 치른 뒤로 일본에서 병원 가기는 나에게 있어 난제에서 일반 과제로 다운그레이드 되었다.

"오, 이런 눈은 처음 보네요. 안에 정말 렌즈가 있네요."

"아…."

여기만 빼고. '저기, 선생님. 제가 이 병원만 세 번째 왔거든요?'라는 말이 혀끝까지 맴돌았지만 차마 내뱉지 못했다. 각막에 생채기가 나서 따가워 눈을 못 뜨겠다며 찾아왔건만, 진통제 하나 주지 않고 나를 돌려보냈다. 이 돌팔이 의사가! 엉엉. 피부과랑 안과를 같이 할 때부터 이상했다. 교통비 아끼자고 동네 병원을 계속 찾는 게 아니었는데! 내가 다시는 가나 봐라!

다음날 바로 우메다의 고층빌딩에 있는 안과를 찾아갔다.

"안녕하세요~ 처음 오셨나요? 진료 카드 작성해주시겠어요?"

"네~!!!"

아~ 좋다, 이 도심 자본주의의 맛! 병원은 역시 전문내가 풀풀 풍겨야 제맛이다.

2,000m 고지대 산골 버스에서 응급상황이

짧은 여행에도 잔병은 찾아오기 마련이고, 여행이 길어질수록 큰 병에 시달릴 확률도 높아진다. 나의 경우에도 소소하게 고통에 시달린 기억이 몇 있다. 코감기에 걸린 상태로 비행기에 타면, 이착륙 시 기압 차이로 인한 고통을 아주 제대로 느낄 수 있다. 코에서? 아니. 귀로. 이비인후과에서 왜 귀와 코와 목을 함께 다루나 했더니, '아, 이렇게 이어져 있구나' 뼈저리게 느끼게 된다. 코감기에 걸린 상태로 비행기만 타면 귓속이 찢어질 듯이 아프다.

여행지의 기후 변화로 인한 알레르기 증상도 빠질 수 없다. 나의 경우에는 환절기만 되면 알레르기 증상으로 눈이 가렵다. 심할 때는 그저 침대만 바뀌어도 눈이 가려울 정도다. 그래서 해외여행을 떠나 보통 4일 정도가 지나면 무지하게 눈이 가려워진다. 심하면 눈을 뜰 수 없을 정도다. 그중에서도 여행지에서 가장 난감할 때는 당장 화장실을 갈 수 없는 상황인데, 뱃속에서 고통을 호소할 때가 아닐까.

중국 계림으로 엄마와 패키지여행을 떠난 적 있다. 날 좋은 가을에 떠난 데다, 무려 중국, 게다가 패키지여행. 즉, 일행 중에 20대는 나혼자뿐! 이라는 이야기다. 여행이 불편한 지역을 패키지관광으로 다녀야 함에는 별다른 불만이 없으나, 많은 일행 중 혼자만 젊다 보면 온갖 귀찮은 일이 생기기 마련이다. 옆에 떡하니 부모가 붙어있어도 어린 여자애라고 가르치려 드는 인간들이 종종 있다. 하다못해 젓가락질 못한다고 지적당했을 때의 빡침이란…. DJ DOC가 '젓가락질 잘해야만 밥을 먹냐'고 노래를 낸 지가 20년이 흘렀는데, 왜 아직도 생판 남의 젓가락질에 참견이란 말입니까! 이런 일들을 종종 겪다 보면 슬그머니 마음의 문을 닫고 다니게 된다. 괜히 말을 섞었다가 참견을 당하고 싶지 않으니까, 걸려오는 말은 대충 반응하고 훅 넘겨버리기 일쑤다. 2,000m급의 산골 버스에서 배가 아파왔던 그날도 딱 그런 마인드였다.

"엄마, 나 배가 슬슬 아픈데. 왜 아프지?"
"뭐 잘못 먹은 거 아냐?"
"잘못 먹었달 게 있나?"

여행은 거의 막바지였으니 인제 와서 배탈이 난 것도 의아했고, 일행 중 나만 배가 아픈 것도 이상했다. 남들과 달리 잘못 먹은 게 있나 싶어서 기억을 되짚어보니, 전날 도로 노점상에서 과일을 허겁지겁 많이 먹은 것이 문제가 아니었나 싶었다. 배탈의 주범으로 추측되는 녀석은 바로 열대 과일 백향과였다. 패션푸르트라는 이름으로도 알려진 과일이다. 백향과는 식이섬유가 유독 많아 변비 예방에 큰 효능이 있단다. 문제는 나는 변비 증세가 전혀 없던 사람이었고, 이것이 과한 장운동을 유발하지 않았나 추측해볼 뿐이다.

"저희는 이제 2시간 동안 버스 이동만 합니다~ 워낙 산골이라 중간에 들를 만한 화장실이 없어요~"

평소엔 상냥하게만 들렸던 가이드의 말이 왜 이리도 청천벽력 같이 들리던지. 내 얼굴은 시간이 지날수록 점점 파리해져 갔다. 산길을 달리는 버스는 어찌나 들썩거리던지, 가뜩이나 열심히 버티고 있던 나의 장운동을 점점 촉진하는 중이었다. 새하얗게 질려 엄마에게 찡얼거리자, 가이드가 손님 한 명의 상태가 안 좋다는 것을 눈치 챘다.

"어쩌죠? 이쪽 길엔 정말 화장실이 없어서. 드릴 만한 약도 없고."

"괜찮아요…. 버틸 만하거든요…. 참고 있을게요…."

라고 말은 하지만 속으로는 울고 있었다. 정말 아직까진 참을 만했지만, 혹시라도 못 참는 사태가 벌어질까 봐. 사람이 아프면 더 예민해진다고 하던가. 관심을 가져주는 것도 힘들고, 말조차 걸지 말아줬으면 싶었다.

"어디가 어떻게 아픈데요? 체한 거예요, 배탈이 난 거예요?"

뒷자리에 앉아있던 한 아저씨가 나타나 불쑥 말을 걸었다.

'아저씨…. 해결해 줄 수 있는 거 아니면 관심 꺼 주세요. 흑흑.'

이라고 생각하면서

"장이 좀 꼬인 것 같아요."

라고 대충 대답했다. 그랬더니 아저씨의 집요함은 멈출 줄을 몰랐다.

"배가 어디가 어떻게 아픈데요?"

"어…. 으음…."

아, 자기가 의사야 뭐야! 왜 자꾸 꼬치꼬치 캐물어!

"제가 사실 내과 의사인데요. 같이 여행 다니는 손님들 아플까 봐 항상 약을 가지고 다니거든요. 바로 약 처방해드릴게요."

"네?"

아니, 진짜로 의사셨다니…. 죄송합니다, 선생님.

의사 선생님은 즉석에서 나를 진료하더니 증상을 듣고 약봉지를 꺼냈다. 놀랍게도, 병원에서 처방받아 약국에서 받는 약들이 종류별로 진열되어 있었다.

"아침 점심 저녁 드시고, 요거만 점심엔 거르시면 됩니다. 3일분 드릴게요. 괜찮아졌다 싶으면 지사제는 빼고 드시면 됩니다."

"예…. 선생님…. 정말 감사합니다…."

패키지여행에서 이런 일이 생길 수도 있구나. 속 좁게 굴었던 저를 용서하세요. 감히 제가 선생님을 의심하옵고….

나는 오랜 기다림 끝에 최악의 상황을 면할 수 있었고, 의사 선생님의 처방 약을 받아 상태가 빠르게 호전되었다. 점심시간이 되어 정신을 차려 보니 그사이 팀 내에서는 건강 상담소가 운영되고 있었다.

"이쪽 선생님은 내과 의사 쌤이고, 이쪽 선생님은 치과 의사 쌤이라면서요?"

"아, 찐짭니까! 저기 선생님, 제가 지금 이가 좀 안 좋은데 여기 이대로 놔둬도 되겠습니까?"

"어디 한 번 볼까요? 입 한번 벌려 보세요."

"아~"

밥 먹으러 와서 밥은 안 먹고 치아 진단을 받고 있는 패키지여행이라니…. 그 광경이 너무 웃겨서 웃음이 나왔다. 어찌 보면 최악의 여행이 될 수도 있었는데, 잠깐의 고통이 끝나자 더욱 유쾌한 여행이 시작되었다.

"지금은 좀 괜찮아졌어요?"

"네. 선생님 덕분에 괜찮아졌습니다. 정말 감사드립니다."

다시 한국으로 돌아오는 날까지 나는 의사 선생님의 극진한 케어를 받으며 무사 귀국하는 데 성공했다.

"OO역 쪽에 XX내과 오시면, 진료 봐 드리겠습니다."

집에서 썩 가까운 쪽은 아니라 가본 적은 없지만, 선생님의 은혜는 두고두고 기억하고 있습니다. 대대손손 만수무강하십시오, 선생님.

1 가이드님, 지금 하신 말씀 NG 발언입니다

2 니하오! 곤니치와! 라니

3 누구야? 내 엉덩이 만진 놈이

4 한국에도 공중목욕탕 있어?

5장

차별에 항의하고
분노하는 여행자

가이드님, 지금 하신 말씀
NG 발언입니다

속이 부글부글 끓었다. 여행에서 돌아오자마자 여행사 홈페이지 고객센터에 들어가 장문의 글을 남겼다. 이대로 넘어갈 수 있는 수준이 아니었다.

'가이드의 인권감수성 결여된 발언으로 여행 내내 매우 불쾌했습니다.'

분노에 가득 차 키보드를 두드리며 가이드의 망언을 무려 다섯 가지 사례로 넘버링해 묘사했다. 당신네들 가이드가 대체 무슨 소리를 지껄이고 다니는지 아시냐고. 화가 나서 호흡이 진정되질 않았다.

불과 며칠 전, 우리 가족은 호주에 있었다. 1년에 단 한 번 있는 가족여행, 특히나 이번 여행은 가족 4명 모두가 시간을 맞춰 특별한 의미가 있었다. 모두가 설레는 마음을 안고 패키지여행을 예약했다. 장시간의 비행 끝에 시드니국제공항에 도착했다. 가이드가 바삐 손님들을 모았다.

"자, 여러분들. 이제 다 오셨으니까 설명할게요. 세관 신고 카드에 직업 적는 란 보이시죠? 사장님들은 비즈니스라고 적으시고, 사모님들은 하우스와이프라고 적으세요. 그렇게 해야 질문 별로 안 받아요."

아아…. 요즘 시대에 남편은 사장님, 아내는 사모님이라니. 정말 구식이시네. 게다가 질문 피하자고 한다는 말이 '남편은 회사원-아내는 주부'라는 고전적 프레임이라니. 영 별로인 발언이라고 생각했지만 '아, 옛날 사람이라 옛날 방식으로 영업하시는가보다' 하고 넘겼다. 기분이야 나빴지만, 이 정도 발언에 전투력이 상승할 만큼 나는 성실한 인간이 못되었다.

"다 적으셨어요? 저쪽에 사람 보이시죠? 저기 있는 '뚱땡이 아줌마'한테 가세요."

네…? 잘못 들은 줄 알았다. 공항 직원한테 '뚱땡이 아줌마'란다. 저게… 웃긴가? 비만인을 '뚱땡이'라는 단어로 비하하고, 엄연히 자기 일을 하는 프로페셔널 직군을 중년 여성이라는 이유만으로 '아줌마'라 불렀다. 너무한 거 아냐? 심지어 본인이 미남인 것도 아니었다. '깡마르고 머리 벗겨진 아저씨'가 할 소린가? 본인이나 되돌아보시죠.

이때까지만 해도 그냥 '개그 욕심은 많은데 소재로 쓸 것과 못 쓸 것을 구분 못하는 사람'이라고만 생각했다. 웃겨보겠답시고 헛소리를 지껄여서 사람 참 난처하게 만드는 그런 이들이 있지 않던가. 그런데 세상에 하나만 '빤은' 사람은 없다더니, 하루도 안 돼서 온갖 차별적인 혐오 발언들이 툭 툭 튀어나오기 시작했다.

"호주에는 비만 인구가 많아요. 살은 저렇게 뒤룩뒤룩 쪄가지고 망사스타킹이나 신고. 아주 흉해 죽겠어. 밖에 한번 보세요. 으, 저 여자 살 좀 봐. 무슨 엠보싱인 줄."

진심으로 당황했다. 그냥 어쩌다 길가다 만난 아저씨도 아니고, 엄연히 손님에게 서비스를 하는 가이드의 입에서 나온 말이다. 호주 사람 앞에서는 절대 못할 말을 한국 사람들 앞이라고 왜 당당히 하는 걸까?

"왜 이렇게 몸매 관리를 안 하는지~ 혹시라도 제가 살이 쪄서 건강이 악화되어 일찍 죽게 되면 너무 억울할 것 같아요. 아직 20대 아가씨들도 꼬실 수 있을 것 같은데."

라고 머리 벗겨진 중년남이 말했다. 우웩. 듣는 20대 아가씨의 비위가 팍 상했다. 저기요. 20대 아가씨로서 말하는데, 절대 못 꼬셔요…. 거울 한번 보고 오시고요. 본인 민증도 한 번 더 보고 오세요. 무슨 개소리를 하는 거야.

한 가지 혐오를 하는 사람은 높은 확률로 여러 가지 혐오를 하고 다닌다.

"호주에서도 중국인 많이 보입니다. 중국'놈'들은 돈 진짜 많이 쓰고 다녀요.”

본인이 가이드라는 사실을 망각하고 다니는 걸까? 호주사람 앞에서 '뚱땡이 아줌마' 소리 한번 해보시고, 중국사람 앞에서도 '중국놈' 어쩌고 한번 해보시지 그러세요. 본인 앞에서 못할 소리라면 다른 자리에서도 하면 안 된다. 특히 그것이 공석이라면. 조상신이 내려와 이런 소리를 해도 듣기 싫을 판에 돈 내고 저 멀리 해외여행까지 와서 이딴 소리나 듣고 있어야 한다니.

“저번에는 면세점에서 일하는 20대 여직원들이 단체 여행을 와서 가이드를 맡은 적 있어요. 너무 좋아서 집에 돌아가고 싶지도 않고 같이 호텔에 가서 자고 싶었다니까요.”

“호주에선 햇빛이 나는 날이면 바닷가에 상의 탈의하고 선탠하는 여성들이 많아요. 한국 남자들이 아주 좋아해요. 예쁜 애들 보면 꼭 안아주고 싶다니까요.”

그중 가장 잦은 빈도로 나를 '빡치게' 했던 것은 잦은 성희롱 발언이었다. 심지어 이 사람, 기혼이다. 왜 저래 정말?

“허니문 여행 때는 신부들이 신부화장을 한 채로 비행기 타고 오거든요. 엄청나게 예뻐요. 그런데 다음날 되면 변신해서 누군지 한 명도 못 알아봐요. 하하하하.”

이쯤 되니 어디까지 헛소리를 해댈 수 있나 궁금할 지경이었다. '쌩얼'과 '화장빨'에 대한 조롱이 계속 이어졌다. 그럼에도 몇몇 손님들이 까르르 웃었다. 재미있으신가요? 10년 전에나 개그 프로그램에서 써먹었을 법한 이런 레퍼토리가요? 화장을 잘하면 '화장빨'이라고 뭐라 하고, 화장을 안 하면 '쌩얼'이라 못생겼다고 뭐라 하고. 아~ 뭐 어쩌란 말이냐. 인생에서 화장해야 한다는 압박 한 번 받지 않았을 남성이, 그런 말을 할 자격이나 된다고 생각하세요?

여행하는 5일 동안 기분이 좀 좋아질라치면, 버스 안에서 가이드의 망언을 듣고 화가 돋았다. 진심으로 화를 낼까 진지하게 고민해보았다. 하지만 화를 낸다는 것도 엄청난 감정 소모를 동반하는 일. 게다가 분위기가 험악해지면 다른 손님들까지 눈치를 보게 되는 상황이 발생한다. 그러나 4일째 되는 날 나는 화를 낼 마음조차 접었다. 더 이상 가이드와 말도 섞고 싶지 않아졌기 때문이다.

포트스테판에서 돌고래 투어를 기다리고 있을 때였다.

"돌고래 투어 소요 시간이 1시간인데, 돌고래가 나올지 안 나올지는 복불복이에요. 45분이 지나도 돌고래가 안 나오면 용왕님께 제물을 바쳐야 합니다. 그 제물은 우리 중에 누가 되어야 할까요? 용왕님은 남자라서 여자 좋아해요. 이왕이면 젊은 여성을 바치면 좋아하죠. 우리 일행 중엔 한 명밖에 없네요."

잘못 들은 줄 알았다. 그리고 우리 일행 중에 젊은 여성은 나 혼자밖에 없었다. 지금 저 사람이 대체 무슨 소리를 하는 거지? 저게 어떤 뜻을 내포하고 있는지 알고 하는 거 맞지? 앞자리에 앉은 아주머니들이 깔깔깔 웃으셨다.

"하하하. 우리는 늙어서 줘도 안 먹어~"

앞자리의 아주머니들은 기가 막히게 이 문장에 함축된 뜻을 파악했다. '줘도 안 먹는다'라. 그럼 20대 여성인 나는 '주면 먹는다'라는 건데. 무엇을요? 뭐를 먹는데요? 네? 버젓이 앞에 있는 사람을 두고 지금 뭐라 그러는 거야? 지금껏 나왔던 얘기들은 제삼자를 욕보인 것이었지만, 지금 나온 이야기는 대놓고 나를 성희롱한 것이 아닌가. 더욱 웃긴 지점은 이 현장에 우리 가족이 모두 있었다는 거다. 낳아주신 부모님도 있는 앞에서 버젓이 성희롱 당했다.

본인의 저급한 개그 코드에 웃어주는 중년 손님들에게 모든 포인트를 맞추기 시작하더니, 나와 내 동생은 거의 없는 사람 취급하기 시작했다. 개그의 소재로나 쓰였지, 고객으로 대우받지는 못했다.

"호주 애들은 어릴 때부터 자궁경부암 주사 다 맞거든요. 따님은 몇 살이에요? 따님은 주사 맞았어요?"

내가 자궁경부암 주사를 맞았는지 안 맞았는지 궁금하면 나한테 묻든가, 그걸 또 바로 옆에 있는 부모님께 묻는다. 가이드님, 그거 아세요? 이 여행 제가 다 알아보고 제가 다 예약했습니다. 젊은 여자라고 그저 아빠 따라온 어린이 취급을 하시네요?

여기서 끝나지 않고 이 가이드는 19금 개그를 수도 없이 많이 했다. 웃긴 이야기를 들려주겠답시고, 금으로 만들어진 남성기가 있는데 부부끼리 제 남편 성기를 쳐서 어느 방향으로 쓰러지나 내기를 했다는 둥 '뭐 어쩌라고' 싶은 이야기를 했다. 한번은 깔깔깔 웃던 손님 한 분이 염려가 되는 듯 한마디 질문을 던졌다.

"저기 애들도 있는데…."

"에이, 쟤들도 다 컸어요~ 알 거 다 알아요."

그리고 당시 함께 있던 내 남동생은 아직 10대 미성년자였다.

으아아아아악!!! 기대했던 여행이 이렇게 불쾌할 수가. 좋은 가이드를 만난다는 것이 패키지여행에서 얼마나 중요한 것인가 깨달았다. 그냥 중간에 깽판을 칠 걸 그랬나! 한국으로 돌아오자마자 여행사 홈페이지에 장문의 클레임을 걸었다. 가이드가 했던 모든 발언들을 조목조목 정리해서 전체 가이드의 인권감수성을 재교육하고 혐오 발언을 금지조치 해달라고 부탁했다. 여행사 측에서는 거듭된 사과와 함께 해당 가이드에게 경고 조치를 반드시 할 것이라고 약속했다. 향후 동일한 불편이 접수될 경우 내부적 절차에 따라 페널티를 적용해 꼭 불이익을 받을 수 있게 하겠다며. 그리고 해당 가이드에게서 사과문 겸 변명문 같은 메일을 한 통 받았다. 뭐, 대부분은 '그럴 의도는 아니었다', '그렇게 들렸으면 죄송하다'라는 뉘앙스여서 한 번 읽고 치웠다. 별로 말을 이어나가고 싶지도 않았고.

불과 2017년의 일이다. 제가 이상한 여행사에서 운 안 좋게 이상한 가이드랑 만난 거 아니냐고요? 아니요. 보통 여행사 하면 여기부터 떠오를 정도로 업계에서 유명한 곳에서 진행했답니다. 해당 여행사에서 가이드 인권 교육을 하겠다는 약속을 제대로 지키고 있는지 모르겠다. 가끔 인터넷을 보면 나처럼 상처를 받고 돌아온 젊은 여성 고객분들이 보이던데. 가이드는 여행 전체의 질을 좌우하는 존재이니, 그 무엇보다 제발 내 돈 내고 헛소리 듣는 일이 없게 해주었으면 좋겠다. 다음에 또 이런 일을 겪으면 이 정도에서 끝내진 않을 거라 이거예요.

니하오!
곤니치와! 라니

"니하오!"

즐거운 여행길, 상쾌한 아침 바람이 불어왔다. 처음 보는 사람도 방긋 웃으며 내게 인사를 건넸다. 중국 여행 중이냐고? 아니! 여긴 유럽이다! 그래, 아주 안녕하시다. 이 망할 놈들아.

유럽에서의 체류 일정이 꼬여 헝가리 부다페스트에서 일주일간 머물렀다. 여행 막바지라 별다른 체력도 의욕도 없었던 나는, 매일 별것 아닌 산책을 마치고 밤에는 맥주를 마시러 가는 일상을 보내고 있었다. 맛있는 수프와 저렴한 맥주를 제공하는 가게를 발견해 이틀에 한 번 꼴로 찾아갔다. 뜨끈한 국물을 찾기 힘든 유럽에서 이 수프가 얼마나 큰 힘이 되었던지. 하지만 이 모든 장점을 상쇄시키는 주범이 하나 있었으니, 바로 식당 직원이었다.

"니하오!"

아아, 며칠 전에도 이러더니 또 시작이네. 해맑게 웃으며 중국어로 인사를 거는 그를 보고 없던 고혈압도 생길 것 같았다.

"오오~ 너 중국어 할 줄 아나 보네? 나는 한국인이어서 중국어 모르는데!"

입꼬리는 올리고 있었지만, 눈에는 힘을 빡 준 채로 대답했다. 내 말이 이상하게 느껴졌다면, 네가 먼저 잘못된 말을 했다는 것을 알 아서 깨우치라는 의미였다.

이틀 뒤 이 가게를 다시 찾아갔다. 저번에 나는 코리안이라고 가르 쳐주었으니까, 오늘은 평범하게 인사를 건네주겠지? 하지만 그들은 그렇게 만만한 상대가 아니다.

"니하오!"

아니, 저 새끼가…. 나 한국인인 거 뻔히 알면서 또 이런다고?

"나 한국인이라 중국어 못한다니까?"

"알아."

뭐, 안다고? 아는데 계속 저렇게 인사하는 거야? 내가 중국어로 대 답하면 중국어로 대답해 줄 거야? 어? 분노 게이지가 치솟아 맥주가 입으로 들어가는지 코로 들어가는지 모르겠더라. 화가 나서 다음날 부터는 이 가게를 끊었다.

유럽 길거리에서 누군가가 맥락 없이 인사를 건네 온다면 8할이 '니하오'고, 2할은 '곤니치와'였다. 내가 볼 땐 동아시아 3국 중 한국인이 제일 많이 보이던데, 관광객 최적화된 몇몇 상인을 제외하고는 아무도 '안녕하세요'로는 말을 걸어주지 않았다. '니하오' 이야기가 나오면 가끔 '중국인 취급'을 당했다며 억울해하는 자들이 있다. 그거 아니다. 그거 아니라고! 혹시나 진지하게 그렇게 생각했다면, 당신 또한 레이시스트임을 겸허히 받아들이고 제발 발전해 나가도록 하자. 여담이지만 '안녕하세요'라는 인사말은 유럽에 있는 5개월 동안 딱 한 번 들어봤다. 장소는 클럽이었고, 인사를 건넨 이는 딱 봐도 흑심 있어 보이는 남자였다. 내게 흑심이 있었던 게 아니고, 내 동행인 남성에게 건넨 인사였다. 클럽에서 본 플러팅 중 가장 정성스러운 플러팅이었지만, 안타깝게도 내 동행인은 별로 관심이 없어 보였다.

인사를 가장한 '니하오' 공격을 당하면 상대의 의도를 재빠르게 간파한 뒤 두 가지 중 한 가지 대응을 고른다. 먼저, 상대하지 않는 게 낫다 싶으면 그냥 무시하고 갈 길을 간다. 이들의 '니하오' 뒤에는 '낄낄낄'이 함께 수반되어 있다. 똥이 더러워서 피하는 건데 오해를 사기도 한다. '아시안들은 역시 온순해. 자기감정이 없어. 역시 놀려먹기 좋은걸?'이라고 생각하는 경우가 왕왕 있다. 이 부류는 딱히 대답을 기대하고 말을 거는 것도 아니다. 지나가는 개고양이한테 우쭈쭈 해보듯이 사람을 개 취급하는 거다. 그나마 개고양이는 귀여워서 우쭈쭈 하는 거지, 이건 그것도 아니고. 으으, 내 안전이 우선이므로 일단 참고 넘어가는데 속은 뒤집어진다.

간혹 진짜 악의 없이 '니하오'라고 하는 경우도 있다. 멍청함에서 나오는 무례를 쉴드쳐 줄 일인지는 여전히 의문이지만 말이다. 그럴 때는 "니하오는 차이니즈고, 나는 코리안이라 중국어 몰라"라고 돌려 까본다. 이렇게 떠먹여 줬는데도 썩 알아먹는 눈치는 아니다. 애당초 알아먹을 생각도 없어 보인다. 걔들 눈엔 내가 중국인인지 한국인인지는 딱히 중요하지 않다. 어쨌든 자기 눈에 나는 아시안이고, 아시안은 곧 차이니즈인 것이다.

한번은 몰타에서 배에 올랐다. 저녁 7시쯤 출발해 자정까지 지중해를 떠도는 파티보트였다. 해가 지니 보트 안은 클럽으로 변해 있었다. 마침 당시 최고의 히트곡이던 에드 시런의 「Shape of You」가 흘러나왔다. 흥이 날 대로 나 있던 나는 신나게 환호하며 춤을 췄다. 옆에서 흥이 난 서양인 여성 한 명이 매우 흡족하게 나를 바라보고 있었다.

"와우, 중국에도 이 노래가 인기 많은가 봐? 역시 음악에는 국경이 없군! 위아더월드!"

뭐? 위아더월드 같은 소리 하시네.

"나 중국인 아니어서 잘 모르겠어."

그래도 기분이 좋은 상태였던 나는 웃으면서 대답했다.

"오? 그래? 그럼 일본에서도 이 노래가 인기 많아?"

"일본인도 아니어서 잘 모르겠네."

여기까지 대답했더니, 그의 표정이 이해할 수 없다는 듯 와장창 구겨졌다.

"그럼 넌 대체 어디서 온 거야?"

이제야 그걸 묻니? 내 국적을 함부로 재단하기 전에 제발 그것부터 물어달라고. 내가 너의 외양만 보고 '넌 미국에서 왔구나!'라고 하면 좋겠어?

유럽 여행길에 '니하오' 인사말을 들을 때마다 이제는 화보다 진절머리가 먼저 나기 시작했다. 아, 또야? '니하오' 인사말이 문제인 이유는 모든 동아시아인이 중국어를 쓰리라 판단한 데만 있지 않다. 유럽 국가들은 적극적으로 이민을 받아들이고 있다. 이민을 받는다는 것은, 충분히 동아시아인의 외형을 띄고 있는 사람이더라도 그들이 자국민일 가능성이 있음을 의미한다. 외형만 보고 진짜 동아시아 국적의 사람인지 자국민인지 함부로 판단할 수 없다는 의미다. 어릴 때부터 그 나라에서 나고 자란 이들은 얼마나 어이가 없을까. 자신의 외형이 동아시아인이라는 이유만으로 언제까지나 그들은 외부인 취급을 당해야 한다.

이틀에 한 번꼴로 만나는 '니하오' 공격에 정신이 너덜너덜해지지만, '니하오' 정도까진 귀엽게 넘어가 줄 수도 있었다. 비록 지나가는 개 취급당하긴 하지만, 커다란 위협까진 아니기 때문이다. '니하오'엔 충분히 인종차별적 맥락이 있고, 이것은 비웃음과 폭력으로 이어지기도 한다.

여행이 아닌 일상에서 겪은 일화는 더욱 버라이어티하다. 하루는 몰타에서 동아시아 친구들 대여섯 명과 함께 숙소로 향하던 밤이었다. 우리 앞으로 오던 차에서 빈 깡통 하나가 날아왔다. 당혹스러웠다.

"금방 날아온 깡통 뭐야?"

"차에 치여서 날아온 거 아닐까?"

"그런데 차에 치여서 날아왔다기엔 각도가 좀 이상하지 않아?"

"응, 좀…. 마치 차 안에서 우리 쪽으로 던진 것 같은데."

당혹스러움 속에서 우리끼리 추리를 하고 있을 때, 친구 한 명이 의문에 화룡점정을 찍었다.

"나, 차 안에서 사람이 던지는 거 봤어."

아…. 우리는 경건해질 수밖에 없었다.

어떤 날은 카페에서 공부하고 혼자 밤늦게 돌아오는 길이었다. 도보 바로 옆에 주차되어있던 자동차에서 한 늙은 남자가 자동차 창문을 내렸다.

"워!!!"

내가 옆을 지나가자마자 큰 소리를 냈다. 내가 깜짝 놀라자 그는 깔깔깔 웃기 시작했다. 일부러 나를 괴롭히기 위해 내가 그 옆을 지나갈 때까지 기다린 것이다. 인종차별을 열심히 해보겠다는 노고가 가상했다.

차별과 조롱의 주체가 꼭 백인에 한정된 것도 아니었다. 우리나라

사람들도 어디서 못된 것을 배워 와 백인을 우월시하고 흑인은 하등시하는 경향이 있는데, 막상 서구 사회로 나가보면 아시안만큼 무시당하는 존재가 또 없다. 우리가 국내에서 무시하던 존재도 장소가 바뀌면 내가 피해자가 될 수 있다. 이탈리아를 여행할 때, 기차 안에서 흑인에게 인종차별 폭력을 당한 적도 있다. 당시 기차 안에는 사람이 없어 나 혼자만 그 넓은 기차 한 칸에 타고 있었다. 젊은 흑인 남자 셋이 타더니 내가 혼자 앉아있는 것을 확인하고는 한 명 한 명 내 옆을 지나갈 때마다 내 좌석 뒤를 쾅 쾅 쾅 치며 사라졌다. 아시아를 여행할 때는 경험해보지 못한 온갖 굴욕적인 사건들이 줄줄이 이어지고 있었다.

이 많은 위협과 '니하오' 공격은 내가 혼자, 혹은 같은 동아시아 친구들과 있을 때만 발생했다. 서양 친구들과 함께 있을 때는 겪지 않아도 될 일이었다. 순진무구한 우리의 서양 친구들은 이 사실을 잘 모른다.

"헉, 요즘에도 그런 일이 있다고? 이 나쁜 레이시스트들!"

원래 피해자의 입장, 소수자의 입장에 귀 기울이지 않으면 이들이 어떤 일을 겪는지 정확히 알 수 없다. 피해를 보지 않는 입장에선 머릿속이 꽃밭인 거다. 왜냐면 다수가 보는 세상은 평등하고 찬란한 세상일 테니까.

친구라고 해서 무의식적인 인종차별 공격이 안 들어오는 것도 아니다. 본인은 절대 레이시스트일 리가 없다고 생각하는 사람조차 알게 모르게 차별적인 이야기를 꺼낸다.

"너희 나라에도 세탁기가 있니?"

세탁기를 돌리는 나를 보고 브라질 친구가 물었다.

"뭐? 지금 한국 말하는 거야?"

"응. 한국에도 세탁기가 있어?"

나는 할 말을 잃었다. 지금 내가 돌리고 있는 세탁기가 LG 세탁기였기 때문이다. 이 숙소에 있는 텔레비전은 삼성 텔레비전이었고. 대체, 아시아에 대해 어떻게 생각하면 저런 질문을 하는 걸까? 하이테크놀로지 월드 코리아에서 온 나에게 그런 질문을 하다니. 유럽이 너무 아날로그적이라 오히려 살기 힘든 나에게! 이런 질문을 한 애들을 모두 강남 한복판에 한 시간씩만이라도 떨어뜨려 놓고 싶었다.

어학원을 가니, 한 한국인 언니의 표정이 매우 안 좋았다.

"왜요? 무슨 일 있어요?"

"아침에 어떤 집에서 남자가 창문 열고 소리쳤어. '칭챙총'이라고."

"와우."

칭챙총은 중국어 발음을 희화화한 단어로, 동아시아인을 비하할 때 쓰이는 욕이다. 나도 딱 한 번 실제로 들어본 적 있다. 화가 났다. 그리고 굉장히 힘이 빠지기도 했다. 조앤 롤링이 쓴 '해리 포터 시리즈'의 동양인 캐릭터의 이름이 '초챙'이었던가? 정말 고민 없이 만든 이름이다. 칭챙총 따위의 수준으로 지어진 이름이 전 세계에 팔렸다는 게 떠올랐다. 참 힘들다, 유럽에서 아시안으로 버티기.

누구야?
내 엉덩이 만진 놈이

　　　　　독일의 소도시 트리어로 이동하고 있었다. 일본 교환학생 시절 만났던 독일 친구를 만나기 위한 여정이었다. 출발지인 파리에서 트리어까지 가기 위해서는 독일 국경을 넘자마자 다른 기차로 환승해야만 했다. 짧은 환승 시간에 나는 굶주린 배를 채우기 위해 역사의 슈퍼마켓으로 향했다. 나는 40L짜리 배낭을 멘 상태로 간식거리를 구경하고 있었다. 그때였다. 누군가가 내 엉덩이를 콱 움켜잡은 것이다.

　'야이씨, 이거 성추행이다.'

　수치심은 모르겠고 당혹스러움과 멍함이 먼저 찾아왔다. 소리를 질러야 하나? 그런데 사람이 너무 당황스러우면 비명도 안 나오더

라. 그냥 '뭐지?' 하는 생각만이 들었다. 상황 파악에 시간이 걸리는 것이다. 그 사이에 성추행을 한 사람은 종종걸음으로 사라졌다. 정신을 차리고 가해자가 사라진 방향으로 고개를 돌렸다. 내 엉덩이를 움켜잡은 건 백인 노인 남성이었다. 소리를 지를까? 뭐라고? 영어로? '저 사람이 나를 성추행했어요'는 영어로 어떻게 말해? 영어로 말하면 알아듣긴 해? 소리를 지르면 독일 법은 내 편을 들어주긴 해? 잡으면? 잡으면 뭐 어떻게 할 건데? 나에겐 저 사람과 싸우고 있을 시간이나 있나? 어떻게든 저놈의 인생을 조져보고 싶은 심정과 저따위 인간 때문에 귀한 내 시간을 쓰기 싫은 마음이 동시에 찾아왔다.

다시 기차를 타야 할 시간이 빠르게 다가왔다. 결국 나는 그냥 기차를 타러 갔다. 저놈을 조지는 데 내 시간을 쓰지 않기로 한 것이다. 기차에 타서도 계속 그 생각만 들었다. 성추행을 당했다는 사실 자체보다는 '저 새끼를 조져놨어야 했는데 조지지 못했다'라는 허탈감뿐이었다. 독일의 성추행 형량은 솜방망이 처벌하는 우리나라보단 훨씬 낫지 않을까? 그래도 독일이 자국민을 더 보호해주려나? 하지만 어차피 나는 알고 있다. 미친놈 하나 때문에 내 여행 전체를 망칠 수 없다는 것을. 아마 가해자도 이런 걸 계산하고 저지른 범행인지도 모르겠다. 여행하는 외국인 여자는 자신을 고소하기 힘들단 사실을. 적어도 비명이라도 지를 걸, 적어도 한국어로 바로 욕이라도 할 걸. 그 와중에 내가 제대로 대처하지 못해 또다시 피해를 볼 다음 여성이 생각났다. 나는 피해자일 뿐이고 잘못한 건 내가 아닌데, 왜 내가 죄책감을 느껴야 하지?

트리어에 도착했다. 오랜만에 친구를 만났다. 성추행당한 이야기를 당장 누군가에게 털어놓고 싶었는데, 왠지 오랜만에 만난 친구에게 그런 이야기를 하고 싶지 않아 관뒀다. 그날 저녁엔 친구가 다른 한국인 친구를 소개해주었다. 한국인을 만나니 그 얘기가 마음 편하게 나왔다.

"저 사실 오는 길에 성추행 당했어요. 독일 국경 넘자마자요."

그날 처음 만난 여성분은 그 사실에 같이 격분해주었고, 결국 내 친구 귀에도 그 사실이 들어갔다.

"저런, 정말 운이 안 좋았네! 독일에서 그런 일은 나도 딱 한 번밖에 안 겪어봤는데, 오자마자 겪다니."

내가 만약 남자였다면, 아니 적어도 독일인 여성이었다면 이 일을 겪지 않아도 되었을까? 이 일에 대해 그때나 지금이나 딱히 수치심은 들지 않는다. 그저 나의 소수자성을 한 번 더 인식했을 뿐이다. 얼마나 내가 만만해 보였으면 나를 노렸을까? 지금껏 운 좋게도 단 한 번도 길거리 성추행을 당한 적이 없었다. 적어도 아직까진 말이다. 내 체구는 한국인 여성 평균에 비해 작지 않다. 그 말은 즉, 내가 가장 만만해 보이는 집단에는 속하진 않는단 뜻이다. 게다가 평소의 인상이나 스타일도 연약한 타입과는 거리가 멀었다. 이러한 것들이 지금까지의 나를 보호해주지 않았나 싶다. 그 보호막이 깔끔히 해제된 이곳에서, 나는 이리도 쉽게 성추행에 노출되어 버렸다.

2018년, 프랑스는 캣콜링 금지법을 통과시켰다.

캣콜링. 지나가는 고양이를 부르듯, 남성이 여성에게 휘파람을 불거나 성희롱성 추파를 던지는 행위다. 단어에서부터 여자를 사람 취급하지 않는다는 뜻이 내포되어 있다. '남자가 여자한테 플러팅도 못하냐'며 징징대는 이들이 있지만, 플러팅과 캣콜링은 하늘과 땅 차이다. 위협과 추행이 되는 행동이 어째서 플러팅이 될 수 있겠는가.

프랑스 사회는 오랫동안 캣콜링 문제로 골머리를 앓았다. 대표 페미니즘 입문서로 꼽히는 토마 마티외의 『악어 프로젝트』도 프랑스에서 출간된 책이다. 이 책은 프랑스 여성들이 일상적으로 겪는 성폭력과 성차별을 공감하기 쉬운 만화로 그려냈는데, '선진국이라 불리는 프랑스 여성들도 비슷한 고통을 겪는구나' 하고 충격을 받은 적이 있다. 자국민인 프랑스 여성들도 길거리에서 캣콜링을 당한다는데, 동아시아 여자가 가면 어떨까? 심하면 더 심했지 덜할 리가 없었다. 역시나 고양이 취급, 정말 무수하게도 받았다.

한번은 루브르박물관에서 관람을 마친 후 지하철 역사로 들어가기 위해 횡단보도를 기다리고 있었다. 내 오른쪽으로 프랑스 남자가 걸어오더니 "봉쥬르" 하며 귓속말을 걸면서 숨을 불어 넣었다. 이게 무슨 시츄에이션인가 싶어 오른쪽으로 휙 돌아보았더니, 그 남자는 이미 나를 지나쳐 왼쪽으로 가고 있었다. 나는 고개를 다시 돌려 그가 사라진 왼쪽을 바라보았다. 그 남자는 내 반응을 살피면서 히죽 웃고는 사라졌다. 어이가 없었다. 그나마 '니하오'라고 안 한 게 다행이라면 다행인 건지.

유럽 사회에서 아시안과 여성이라는 조합은 정말 최악이었다. 사회 소수자 성질이 무려 곱하기 2! 지나가는 강아지 취급당하기 1위! 그런 얘기가 있다. 서구사회에서 인종별로 서열을 나누면 백인, 흑인, 황인 순이라고. 여기서 일반적으로 여성보다 남성의 인권이 높은 백인이나 흑인과 달리 동양인만큼은 여성의 서열이 위란다. 해석하자면 백인 남성의 '여자'가 될 수 있는 여지가 있기 때문에 동양 남성보다 동양 여성의 신분이 더 높다는 얘기다. 반면 서양 여성들은 동양 남성에게 별로 성적인 흥미를 못 느끼니 서열이 더 하위라는 뜻이고. 동양인 남성보다 더 높은 신분을 획득했다고 한들, 하나도 기쁘지 않다. 서양 남성이 부여한 그 서열이 대체 무슨 의미가 있겠는가. 아시안 여성의 현실은 하루하루가 캣콜링의 연속인 것을.

　지금껏 당한 인종차별 또한 되짚어보면, 사실 이중의 반은 내가 아시안이자 동시에 여성이기 때문에 겪은 일이 아닐까? 얼마나 만만하겠어! 내가 당한 인종차별의 90%가 이미 남성에 의한 폭력이었다. 게다가 그들의 '니하오'에는 이미 캣콜링 같은 성희롱성 뉘앙스가 내포되어 있었다. 진짜 인사를 하고 싶었던 게 아니라, 그저 아시안 여성에게 추행성 멘트를 던져보는 거다.

　몰타에서 내가 거주하던 숙소는 세인트줄리안의 클럽 거리와 매우 가까웠다. 어학원 친구들은 주말 밤이 되면 클럽에 가서 자주 함께 어울렸다. 세인트줄리안의 클럽 거리는 주말이 되면 발 디딜 틈도 없이 북적거린다. 이 중에서 가장 쉽게 타깃이 되는 것은 당연하게도 아시안 여성이다. 게다가 이놈들은 재수 없게도 많은 아시안 여성들이 백인 남성에게 환상을 갖고 있다는 사실을 아주 잘 알고 있다. 같은 백인 여성들에게는 플러팅 한 번 못하다가 만만한 아시안 여성들에게는 갑자기 자신감이 솟는다!

"니하오! 곤니치와!"

클럽 거리를 걷기만 해도 추근거림이 장난이 아니었다. 한 발짝 걸을 때마다 "니하오", "곤니치와" 소리가 진동한다.

"아임 코리안!"

성격도 좋은 친구는 이걸 또 일일이 웃으며 대꾸해준다.

"자꾸 대꾸해주지 마. 쟤네 그냥 아시안 여자라고 무시하는 거라고. 봐봐. 백인 여자들이 지나갈 땐 아무 소리도 안 하잖아!"

이놈의 캣콜링은 비단 유럽에서만 겪는 일도 아니었다. 베트남에서도 지나갈 때마다 귀찮게 말 거는 남자들을 몇 만났다. 한국을 선진국 대접해주는 나라에서까지 나는 그저 한 마리의 고양이가 된 것이다. 중국 소수민족 마을에서도 비슷한 일을 겪었다. 어찌 보면 내가 그들의 문화를 돈 주고 사서 보는 셈이었는데도, 남자들은 내가 지나가자 "헌피아오량! 예쁘다"하며 소리쳤다. 그거 칭찬 아니냐고? 예쁘냐고 묻지도 않았는데 얼굴 평가하는 게 어떻게 봐서 칭찬이냐. 몹시 불쾌했다. 어딜 가나 젊은, 아시아, 여자는 성적 물화로밖에 취급되지 않았다.

몰타에서 만난 중국인 남성이 한번 내게 이런 말을 했었다.

"난 한국 여자가 좋아."

"왜?"

"중국 여자들은 기가 세거든! 한국 여자들은 여성스럽고 상냥해서 좋아."

아, 미친. 이게 무슨 '김치녀' 싫다고 '스시녀' 찾는 소린가. 어디서 많이 본 레퍼토리였다. 자국 여성은 '기가 세다'며 후려치고 조금 더 '고분고분'한 국적의 여성을 찾는 게. 그는 서양 여자들은 남자같이 느껴져서 별로라는 말도 함께 얹었다. 응, 안녕. 짜이찌엔.

나는 아직도 가끔 여행이 무섭다. 내가 여자이기 때문에 걱정하지 않아도 될 것들을 너무 많이 걱정해야 한다. 일이 터지고 나서는 수습하기 힘들기 때문이다. 법도 내 편이 아님을 알고 있다. 택시를 타도 편히 잠들 수가 없고, 혹여나 노숙하게 될까 봐 숙소도 항상 미리 잡아둔다. 그럼에도 평소 밤길을 걸을 때마다 생각했다. 나보다 더 제압하기 쉬운 여자들이 많은데, 굳이 나를 건드리진 않겠지. 나 또한 나보다 더 약자인 이들을 방패삼아 안전을 구축해왔을지도 모르겠다. 나보다 더 약자의 위치에 있는 다른 여성들의 모습이 떠올랐다. 아직 가시화조차 되지 않은 동남아 여성들이나 체구가 작고 어린 여성들의 모습이. 오늘도 겸허히 배워간다. 내 안의 여성혐오와 싸우고, 더욱더 성평등한 사회를 만들기 위해.

한국에도
공중목욕탕 있어?

한번은 일본 여행 책을 펴낸 한 작가님과 담소를 나누었다.

"작가님은 일본 여행을 그렇게 많이 다니시는데, 일본어를 모르신다고요? 불편하지 않으세요?"

"못한 달까, 그것보단 일부러 일본어 공부를 안 해요. 제게 여행이란 일상에서 벗어나 낯선 공간으로 들어가는 것인데, 아는 언어로 들린다면 지금껏 제가 좋아해 왔던 여행과는 달라질 것 같아요."

처음에는 그 심리를 완벽하게 이해할 순 없었다. 나는 내가 일본어를 공부했다는 이유로 남들이 쉽게 못할 여행을 얼마나 많이 할 수 있었는지 잘 알고 있었기 때문이다. 언어를 알고 하는 여행과 잘 모르고 하는 여행은 결이 다르다. 그런데 어느 날 문득 작가님의 여행관이 무엇인지 퍼뜩 이해 가기 시작했다. 언어를 안다는 것은 그들의 일상 속으로 밀착해 들어갈 수 있다는 뜻이고, 이는 장점이자 단점이 될 수 있기 때문이다. 너무 많이 알면 환상도 깨진다. 예쁜 면만 보이는 게 아니기 때문이다.

내겐 가장 많이 가본 여행지도 일본이고, 가장 잘 아는 나라도 일본이고, 가장 잘하는 외국어도 일본어고, 심지어 전공조차 일본학이었다. 나는 일본 여행이 주는 특유의 분위기가 무척 즐겁고, 앞으로도 일본을 꾸준히 여행할 것 같다. 그런데 이 나라가 알면 알수록 모를 나라라는 점에는 크게 공감하는 바다. 한없이 깔끔하고 친절한 이 나라가 좋다가도, 어느 날은 또 갑자기 진절머리가 난다. 진절머리의 원인은 대개 다음과 같다.

하루는 TV를 켰다. 예능 방송이 한창이었다. 방송의 주제는 요약하자면 '외국에는 없는 일본의 특별한 문화'였다. 별의별 내용이 다 나온다. 뭐, 어느 나라나 국뽕 콘텐츠는 잘 팔리니까 그럴 수 있다 치자. 그런데 보고 있자니 기분이 너무 나쁜 것이다.

"외국인들은 어깨 결림 현상이 없다는 게 사실일까? 거리에 나가 외국인들을 인터뷰해보았다!"

내레이터가 열심히 떠들기 시작했다.

"어깨가 결린다는 게 대체 무슨 뜻이에요?"

"저희는 그런 적 없어요."

길거리에 있는 노란 머리 외국인들이 고개를 절레절레 흔든다. 심지어 일본어 더빙이다.

"외국인들은 모두 입을 모아 어깨 결림 현상이 없다고 대답했다. 그렇다면 왜 세계에서 일본인들만 어깨 결림 현상으로 고생을 하는 걸까?"

침대에 누워 있던 나는 놀라 일어서며 한껏 결려 있던 내 어깨를 주물렀다. 노란 머리 외국인에겐 어깨 결림 현상이 없다는 것에 대한 놀라움은 둘째 치고, 아니…, 어깨가 자주 결리는 저는 언제부터 제국적을 잃었나요…?

일본 방송에서 떠드는 내용은 한결같이 비슷한 내용이었다. 저들이 말하는 외국인의 범주에 한국인인 나는 포함되지 않는다. 그렇다고 '외국인'의 대척점에 있는 단어인 '일본인'에도 나는 포함되지 않는다. 즉, 그냥 가시화되지 않는 존재인 거다. 아니면 가시화시키고 싶지 않은 존재일지도 모르겠다. 외국인이라는 단어의 넓은 의미는 말 그대로 '외국인'이겠지만, 외국인의 좁은 의미는 '백인'만을 의미한다. 적어도 어깨가 자주 결리는 나와 주변 한국인들을 생각하면 어깨 결림 현상은 비단 일본인만의 문제가 아닐 것이다. 적어도 한국인, 나아가서 동아시아인들, 더 나아가서 백인 외의 다른 인종에게도 나타나는 문제일 수 있다. 그런데 이들은 백인들이 어깨가 결리지 않는다고 해서 '왜 전 세계에서 일본인들만 어깨 결림 현상이 있는가?'라는 논의로 광역 점프하는가? 허어, 참.

일본의 국뽕이 유난히 화가 나는 점은 이런 데에 있었다. 아시아의 문화를 지워버리는 데에 대한 불편함이다. 일본에는 있으나 백인 문화엔 없는 것을 다 일본의 문화라고 일반화하는 경우가 많다.

"외국인들에겐 없는 젓가락 문화를 가진 우수한 일본 고유의 문화…."

"외국인들과 달리 쌀밥 문화를 가진 우수한 일본 고유의 문화…."

"외국에는 없는 사계절을 가진 아름다운 일본의 문화…."

으악! 으아아아악!!!! 그만해! 그만하라고!!! 하다못해 전 세계가 코로나 사태로 위협을 받게 되자 이러한 뉘앙스의 기사가 나왔다.

"서구와 달리 일본에는 비주 문화 볼에 뽀뽀를 하는 프랑스식 문화 가 없어 코로나 덜 걸려… 우수한 일본의 인사 문화."

아악, 그만합시다, 좀! 서구에 없는 문화는 곧 자랑스러운 일본의 문화가 되어버리는 기가 막히는 현상을 보고 있자니, 똑같이 젓가락을 쓰고, 똑같이 쌀밥을 먹으며, 똑같이 사계절을 즐기고, 똑같이 어깨마저 결리는 나의 존재가 깡그리 무시당하는 기분이었다. 어째서 이들의 사고는 근대화 시대에 머물러 있는 것인가? 서구사회만을 자신들이 나가야 할 길로 여기고, 옆 나라인 다른 아시아 국가는 아직도 알아갈 가치도 없는 열등한 무언가로 여기고 있는 것은 아닌지. 아직까지도 '탈아입구'적 마인드나 다름없는 심보가 고약했다. 일본이 참말로 전 세계에서 가장 잘나가던 버블 시대의 영광은 이미 끝이 났는데, 아직도 그 이상으로 나아가지 못하는 느낌이다. 과거의 영광을 붙잡고 여전히 무엇이든 일본이 최고라고 생각하는 것 같다. 국내에 대한 맹목적인 신뢰는 국외에 대한 무관심으로 이어진다.

아르바이트할 때 함께 근무했던 한 중년 남성은 90년대에 회사 일을 통해 한국에 와본 적이 있다고 했다. 그리고 그는 근무 내내 나에게 한국에 대한 '아는 척'을 시작했다.

"한국에는 일본 캐릭터를 따라 한 가짜 캐릭터가 많던데. ○○ 캐릭터 알아?"

"몰라요."

진심으로 처음 보는 캐릭터였다. 그 캐릭터는 원래 일본의 캐릭터인데 한국에서 따라 했단다. 아, 따라 했을 수도 있겠지. 그 시절은 저작권 의식이 없던 시절이었으니까. 그런데 그는 계속 한국의 후진성에 대해 집착을 하는 듯 보였다. 대체 무슨 대답을 듣고 싶은 거야? 짧은 여행에서 보고 온 것이 전부는 아닐뿐더러, 더군다나 90년대에 다녀와 놓고 이게 웬 말이야…. 그 사이에 강산이 변해도 두 번은 더 변했다. 한국은 게다가 엄청나게 발전 속도가 빠른 나라다. 아직도 8, 90년대에 머물러있으면 어쩌잔 말이십니까.

은근히 한국을 돌려 까는 것 같은 대화가 끝이 나면, 이번에는 '한국에도 사계절이 있어?'류의 질문들이 쏟아지기 시작했다.

"한국에도 집에 욕조 있어?"

"네. 없는 집도 간혹 있지만, 아파트엔 거의 다 있어요."

"한국에도 공중목욕탕 있어? 일본에는 공중목욕탕이란 게 있어서…."

"공중목욕탕 한국에 널렸는데요? 온 천지 널린 게 목욕탕인데요?"

으아, 으아아아. 일본이 일본 특유의 목욕문화를 유난히도 좋아한다는 건 알겠는데, 대체 한국에는 욕조도 없고 공중목욕탕도 없을 거라는 논리는 어디서 나오는 건데! 좋은 문화는 또 일본만의 문화다 이거냐! 아니 그리고 애초에 나는 샤워가 더 편해서 그렇게까지 자주 욕조에 들어가고 싶지도 않다고요. 안 부럽다고요, 목욕 문화. 흑흑.

이 남성은 은연중에 일본의 우수성과 한국의 후진성을 내세우며 나를 괴롭혔지만, 이 정도면 그래도 내가 한국 국적의 외국인임을 완벽하게 인지라도 하고 있었다. 무슨 소리냐면, 내가 일본인과 비슷하게 생겼고, 일본어를 어느 정도 구사한다는 이유만으로 외국인이라는 자각조차 해주지 않는 경우도 왕왕 있었다는 뜻이다.

아르바이트하다 보면 나도 가게 마감을 하게 될 때가 많았다. 상냥한 매니저들이 나에게 POS 상점의 전자식 금전 등록기 로 마감하는 방법을 알려주었지만, 나 또한 외국인인지라 온갖 한자투성이로 적혀있는 이 기계가 좀처럼 한두 번 만에 익숙해지지 않았다. 돈을 두어 번 세고 온갖 서류 작성 절차까지 끝을 내야 정식으로 마감이 되었다. 점포 매니저는 일본인이어도 한번 만에 익히지 못한다는 위로와 함께, 모르면 계속 물으면 된다고 했다.

며칠 뒤 다시 마감해야 할 때가 왔다.

"○○○ 상, 여기서부터 어떻게 해야 할지 모르겠는데 알려주실 수 있나요?"

내가 질문을 한 상대는 20대 초반 여성인 같은 아르바이트생이었다. 그런데 그의 특유의 다혈질적인 성격이 곧장 튀어나왔다.

"아니, 몇 번이나 가르쳐줬는데 아직도 이걸 물으면 어떡해요? 메모를 하든가 어떻게든 외웠어야죠. 이렇게 마감 속도가 느리면 언제 끝내고 언제 퇴근해요? 당신 때문에 다른 사람들의 퇴근도 늦어지잖아요."

"아…. 죄송합니다."

아니, 나는 외국인인데! 아무리 일본어를 할 줄 안다고 해도 일단 외국인인데, 너무한 거 아니야? 한자 범벅인 이 낯선 기계나 서류 작성법을 어떻게 한두 번 만에 외우란 말이야? 심지어 매니저도 아니고 같은 아르바이트생한테 이렇게 욕을 먹을 일인가 싶었다. 집에 도착하니 서러워서 엉엉 눈물이 나왔다.

며칠 뒤, 가게에 한국인 손님이 찾아왔다. 내가 아무리 열심히 해도 늘 일본인들보단 조금씩 뒤처질 수밖에 없다고 생각하고 있었는데, 그 누구도 할 수 없는 내 특기를 발휘할 날이 왔다.

"안녕하세요! 한국 분이시죠? 여기에 놀러 오셨어요?"

"와~ 여기서 한국어 들으니까 너무너무 반가워요!"

내가 살갑게 한국인 손님에게 말을 거니 손님도 너무 반가워하시며 말을 이어가 주었다. 아주 완벽한 고객 응대를 마치고 손님과 인사했다. 손님을 보낸 후 다시 매장 정리를 하고 있었는데, 나를 호되게 꾸짖었던 바로 그 ○○○ 씨가 나를 보며 손뼉을 쳤다.

'왜 저러지?'

"와, 소 상! 어떻게 한국어를 그렇게 잘해요? 너무 놀랐잖아요. 대단해요!"

이게 무슨 소리람.

"저, 저는 한국인인데요? 한국인이니까 한국어를 잘하지요."

지금껏 나를 뭐라고 생각한 걸까? 내가 외국인이라는 것을 인지는 하고 있었나? 아니면 그저 재일교포라고 생각했던 걸까? 아무리 겉보기에 일본어가 자연스러워 보여도 동료의 이름을 보고 이 사람이 어떤 사람인지 정도는 평소에 생각을 해줬어야 하는 거 아닐까?

한번은 한국인과 일본인의 차이에 대한 글 하나를 읽은 적 있다. 한국인들은 국가에 수치스러운 내용이 있더라도, 이 일을 해결하기 위해 외신을 통해 알리려고 노력한다. 국가가 나서서 해결하지 않겠다면, 외신의 압박이라도 통해 부끄러운 줄 알고 문제를 해결해보라는 의미다. 반면, 일본은 국가의 수치스러운 면모를 최대한 숨기려고 하는 경향이 있다. '세계에서 사랑받고 있는 일본'이라는 명제에 알다가도 모를 집착이 있어 일본에 대한 긍정적인 이미지를 깨고 싶지 않아한다. 겉으로 보이는 평화를 너무나 사랑한 나머지 속이 곪아가는 것을 외면한다. 비슷한 결로 이들은 모든 것을 긍정적으로만 해석하려는 경향이 있는 듯하다. 좋게 말하면 순수하고 나쁘게 말하면 순진하다.

뭐든 새것이 좋다며 갈아치워 버리는 우리와 달리 일본은 옛것을 중요시한다. 한국인의 입장에서 일본은 구시대적인 것들을 붙잡고 발전하지 못하는 것으로 보이지만, 동시에 옛것을 소중히 하는 일본의 모습을 동경하기도 한다. 반면 뭐든 오랜 절차를 통해 일을 해결하는 일본은, 법이며 정치까지 순식간에 해치우고 뒤집어버리기도 하는 우리나라의 모습을 도통 이해하지 못할 테다. 하지만 일본의 1020 세대는 빠르게 변화하는 한국을 동경하기도 한다. 뭐가 더 좋고 나쁘다는 이야기가 아니어서, 다른 것은 다른 것 그대로 존중해 줄 줄 아는 태도가 필요하다. 다만, 바다 건너 입장에서 보면 구시대적 사고방식에서 전혀 벗어나질 못하는 모습을 보면 답답한 것만은 사실이다.

"나, 이제 일본 생활 접고 한국으로 들어오려고."

대학을 칼 졸업하고 일본으로 취직했던 친구로부터의 연락이었다.

"왜, 안 맞아?"

"응. 오래 살아보니까 진절머리 나는 부분들이 좀 있어."

"어떤 거?"

"아니, 그놈의 형식과 절차에 지나치게 얽매이는 건 물론이고. 융통성 없는 것도 싫고, 디지털 시대에 아직도 아날로그적인 것도 싫고. 그리고 내가 돈이랑 시간 아끼려고 도시락 싸갔더니 '여자력女子力'이 높아서 이제 시집가도 되겠다고 하잖아. 그놈의 '여자력'! 젊은 세대고 남자고 여자고 온 세상이 다 저 소리만 하는데 미칠 것 같아. 이 시대에 발전이 없는 것도 정도껏 해야지!"

정갈하고 친절한 일본은 여행자에겐 분명 흥미로운 지역이지만, 역시 빨리빨리 민족인 한국인이 몸과 마음을 다 주고 터를 잡기엔 힘들어 보인다. 온 나라가 구시대적 관습을 유지하면서 일본은 우수하다는 환상에 여전히 젖어있으니 예쁘게 보일 리만은 없다.

---

* '여자력'은 일본의 신조어로, '여성스러운' 정도가 높다는 의미로 쓰인다. 대체로 요리나 가사, 미용 등을 잘 하는 사람에게 '여자력이 높다'고 표현한다. 그 대상이 남성일 경우 뉘앙스에 따라 칭찬이 되기도 하고 비웃음이 되기도 한다. 전근대적 가치관을 아주 그대로 반영한 구린 신조어다.

1 제가 지금 공포영화 속을 걷고 있나요?

2 와이파이 없는 21세기 여행

3 그놈의 덕질 덕분에

4 비키니 차림으로 밖에 갇히다

6장

21세기 현대 문명 앞에서도
힘을 못 쓰는 여행자

제가 지금
공포영화 속을
걷고 있나요?

한 여성이 어두운 밤거리를 혼자 걸어가고 있다. 음산하게 깔리는 BGM. 여성의 눈빛은 불안으로 흔들리고 있다. 천천히 내딛는 발걸음. 그리고 갑자기 사라진 사운드. 숨 막히는 적막.

"꺄아아아아악!"

여성은 갑자기 나온 의문의 무언가로부터 습격당한다.

어두운 낯선 길을 혼자서 걷는 여성은 공포영화 속 뻔하디뻔한 클리셰다. 사망 플래그를 알아채라고 대놓고 깔아놓은 수준이다. 이런 장소에 실제로 혼자 떨어져 걷고 있다면? 오줌 지릴 만큼 무섭지 않을까? 이런 상황은 애초에 피하는 게 좋다. 사고를 당하지 않더라도 심적으로 매우 안 좋다. 밤거리를 엄청 무서워하는 편은 아니지만,

여행 중 밤거리를 불필요하게 혼자 걷는 일은 만들지 않으려고 노력했었다. 그런데 내가 망각한 것이 있었다. 내 기준의 밤거리는 잠들지 않는 나라 '대한민국'의 '밤거리'였다는 것을.

몰타에 머무는 동안 피렌체 여행 계획을 짜던 중이었다. 항공권 정보를 검색하던 도중 기가 막힌 비행기 한 편을 발견했다. '몰타-피사' 편도 구간이 33.65유로로 가능하다고? 우리 돈으로 약 4만 4천 원 정도에 이탈리아 피사로 가는 티켓을 발견한 것이다. KTX 타고 서울에서 부산까지 가는 비용보다도 훨씬 싸다. 피사의 사탑이라는 유명한 관광지도 있는 데다, 피렌체까지는 기차로 1시간이면 이동할 수 있는 거리였다. 이거다! 저렴한 티켓을 발견한 나는 환호하며 비행기 시간을 확인했다. 20시 35분 몰타 출발, 22시 25분 피사 도착. 음, 그렇게까지 늦은 시간은 아니군. 이게 늦은 시각이 아니라는 사고부터 한국인의 기준이었음을 훗날에야 깨달았다. 더군다나 지도로 확인해보니 도시 자체가 워낙 작아 공항에서 따로 버스를 타고 이동할 필요도 없어 보였다. 얼마나 가깝냐면 피사에서 '공항-숙소-관광지-다시 숙소-기차역' 구간을 걸어서만 다녔을 정도다. 대충 공항에서 걸어서 갈 수 있을 만큼 가깝고 저렴한 호스텔을 하나 잡아두었다. 1박에 고작 18유로였다.

피사국제공항에 도착했다. 공항에 도착하자마자 두리번거리며 혹시라도 유심을 파는 곳이 있는지 살펴보았다. 워낙 코딱지만 한 공항인 데다 시간까지 늦어 그런 게 있을 리가 만무했다. 유심은 포기하고 해가 밝으면 시내에서 해결하든가, 피렌체 기차역에 도착해서 해결하기로 스스로와 합의했다.

공항에서 와이파이를 연결한 뒤 숙소까지 가는 길을 체크했다. 기다란 길로 진입해서 여덟 번째 오른쪽 골목 오케이! 지도를 보니 근처에 건물도 많아 보이고, 편의시설도 있는 것 같았다. 이 정도면 사람들이 꽤 오가는 길이겠지. 숙소까지는 도보로 10분 걸리는 정도. 이 정도는 와이파이 없이도 걸을 수 있어! 씩씩하게 공항 밖으로 나섰다. 그리고 1차 당황했다. 그냥 시커먼 주차장과 하늘밖에 안 보여서….

"하하하, 많이 어둡네!"

공항 밖에는 애초에 사람이 거의 없었다. 자연스럽게 나선 지 1분 만에 혼자가 되었다. 아니, 이렇게까지 적막할 일이야? 그래도 지도 보는 데는 자신이 있는 편이라, 외워둔 길까지 당당하게 걸어갔다.

'뭐! 배낭 메고 밤길 걸어가는 아시안 여자 처음 보냐?'

한껏 센 척하며 걷고 있지만, 서서히 동공이 흔들리기 시작했다. 일단 중심이 되는 길로 들어섰는데, 내가 상상했던 길과 완전히 달랐다. 지도만 보고 나름대로 상권이 형성된 곳인 줄 알았는데 그냥 주택가였다. 가로등조차 매우 드문드문 켜져 있었다. 11시면 다들 잠드는 동네인지 주택의 불도 대부분 꺼져 있었다. 각 잡았다. 이거, 서양 공포영화 속 한 장면 같잖아!!!

길거리에는 사람이 없었다. 시커먼 주택가를 아시안 여자 혼자 건고 있다. 심지어 누가 봐도 '나 초행길이에요' 티내는 커다란 배낭을 메고. 와하하, 이거 미치겠네! 누가 나와서 나를 공격해도 도움 요청할 사람 한 명 없을 것 같잖아! 제발 나 말고 한 명이라도 더 있었으면! 이렇게 생각한 순간 옆에서 사람 한 명이 걸어갔다. 으악! 놀래라! 금방 한 말 취소! 차라리 인간은 아무도 없는 게 나아! 나 혼자 걷게 해주라!

길을 걷는 동안 인간 두 명, 고양이 한 마리, 차 한 대와 마주쳤다. 그때마다 흠칫 놀라는 나 자신을 발견했다. 그 와중에 정신 팔고 발걸음만 빨리하다 보니, 지금 걷는 길이 몇 번째 골목인지 까먹고 말았다. 주위에 호스텔이 있을 분위기도 아니었다. 심지어 나는 이미 보고 왔다. 숙소 예약 사이트 후기에 '입구 찾기가 더럽게 어렵습니다'라고 적혀있었던 것을.

"아, 뭣 됐다."

사이코패스처럼 활짝 웃었다. 다시 첫 번째 길로 되돌아가서 1부터 다시 세야 하나. 공포에 정복당할 것 같았다. 이 길을 되돌아가 처음부터 다시 가라고요? 신이시여….

다행히 신이 나를 완전히 배반한 것은 아니었나 보다. 눈물을 머금고 일단 스마트폰 지도를 다시 열었다. 놀랍게도 아까 잡힌 GPS가 함께 움직이고 있었다. 오오, 감사합니다. 아무 신이나 좋으니 제 감사의 인사를 받아주세요. GPS는 미리 잡아두면 와이파이 유무와 상관없이 쓸 수 있다더니! 모르던 기능이 운 좋은 타이밍에 강

림하셨다. 최신 무기를 손에 넣은 것처럼 다시 당당하게 앞으로 걸어 나갔다.

'나 여행 초짜 아니거든? 나 건드리면 안 되는 사람이거든?'

그래도 두려움이란 감정은 그대로였으므로, 당당한 척 걸어 나갔다는 말이 옳겠다. 이러니저러니 해도 거긴 너무나도 공포영화 속이었으니까. 내가 언제 죽어도 이상하지 않게 생겼으니까.

"어라, 왜 없지?"

지도를 확인해보니 GPS가 내 목적지를 이미 지나친 후였다. 고개를 갸우뚱하며 다시 왔던 길을 되돌아갔다.

"......"

GPS와 목적지가 정확히 위치하는 곳에 서 있는 나. 그리고 전혀 호스텔이 보이지 않는 나. 아니, 마법사들만 찾을 수 있다는 9와 4분의 3 승강장도 아니고 이런 동네 구석에 있는 호스텔 입구를 못 찾는다고? 이때쯤 그분의 말씀이 다시 떠올랐다.

'입구 찾기가 더럽게 어렵습니다.'

귀한 시간을 내 타자기를 두드려주신 분의 말씀을 더 잘 들었어야 했는데….

내 GPS는 두어 번 왔던 길을 반복했다. 지도에 잘못 찍혀있는 거 아냐? 어떻게든 기필코 찾아낸다는 의지로 골목 안쪽까지 들어가 보기로 했다. 휑한 구역 안으로 들어가니 드디어 '호스텔'이라고 조그맣게 적혀있는 문을 발견했다.

'아, 이런 데 문이 있으니까 못 찾지!!!!'

길에서는 전−혀 보이지 않는 곳. 도저히 뭔가가 있을 것 같지 않게 교묘히 숨겨놓은 느낌이었다.

그날 밤, 힘겨운 체크인을 마치고 안락한 꿀잠에 성공했다. 싼값 치고 큰 목욕실도 좋았고, 해도 뜨기 전에 같은 방을 이용한 이들이 모두 나가버려 편안한 아침을 맞이했다. 숙소에 머무는 동안 다시 만난 와이파이도 너무 반가웠다. 밖으로 나가면 다시 휴대폰은 무용지물이지만. 이날은 아침 일찍 피사의 사탑이 있는 두오모 광장까지 걸어갔다 올 예정이었다. 점심에는 피렌체로 향할 예정이었으니까.

6월의 햇살은 아침부터 쏟아져 내렸다. 어젯밤 나를 두렵게 했던 밤거리를 다시 나섰다. 아침이니 그리 무섭지는 않겠거니 하며. 그런데, 세상에.

"이렇게 아름답고 평화로울 수가."

간밤에 나를 공포로 옥죄었던 마을은 한적함 그 자체였다. 어이가 없을 정도로 평화로웠다. 한적함이라는 단어를 형상화한다면 딱 이 모습일 것 같았다. 괜찮다면 이 마을에서 심심할 때까지 늘어지고 싶었다. 주황빛 지붕의 주택들은 주인의 정성이 담긴 정원을 뽐내고 있었다. 정원에는 귀여운 소품이며 화려한 꽃들이 놓여있었고, 때때론 강아지가 나와 토스카나의 햇볕을 즐기고 있었다. 어젯밤 나를 공포로 몰아넣은 것의 정체는 대체 무엇인 거지. 세상에, 태양의 존재가 이렇게 한 동네의 인상을 바꿔놓을 수 있는 거구나. 공포영화 속에서 살던 동네 주민들이 단 몇 시간 만에 부러워지다니.

아직도 그 밤거리를 생각하면 공포영화 같았다는 묘사 외에 다른 이야기를 할 수가 없다. 그대로 누군가가 나를 끌고 사라져도 이상할 것 같지 않았으니까. 이후 '혼자서 밤 비행기는 피한다'라는 여행 공식을 만들었다. 돈 좀 아끼겠다고 내 목숨 내놓을 순 없지 않은가. 그래도 사람의 욕심은 끝이 없고 같은 실수를 반복하더라. 한 달 뒤, 프라하에서 돈 아끼겠다고 밤길 걸어가다가 비슷한 실수를 반복했다. 미쳤지, 내가 진짜. 이번에도 지도만 있으면 어디든 갈 수 있다는 자만심에서 비롯된 일이었다. 그래, 갈 수는 있겠지. 다만 그 길이 시커먼 어둠 속일 뿐. 혼자서 공포 속에 남겨지는 경험은 다시는 하고 싶지 않으니, 밤길 앞에선 그저 겸손하게 살아야겠다.

와이파이 없는
21세기 여행

"길을 잃었다~ 빠밤빰 빠밤빰~ 어딜 가야할까~"

한국인이라면 길을 잃었을 때 입에서 자동재생 된다는 아이유의 「분홍신」이 튀어나왔다. 입에선 노래가 흘러나오지만, 눈은 울고 있다. 이곳은 저녁 9시, 이탈리아 밀라노다.

몰타에 온 지 채 한 달도 안 된 4월 말, 민주시민의 정의감이 들끓었다.

"저 대선투표 하러 이탈리아 다녀와야겠어요."

그렇다. 때는 2017년. 사상 최초 대통령의 탄핵 사태로 인해 5월에 대통령 선거가 치러지던 해였다. 재외투표는 조금 이른 4월 말에 진행되었고, 국토가 코딱지만 한 나라 몰타에는 안타깝게도 한국 대사관이 없었다. 검색해보니 가장 가까운 투표소는 로마와 밀라노에 있었다. 대선 투표를 위해 주말을 낀 2박 3일 해외여행을 결심했다. 몰타여서 떠날 수밖에 없었지만, 몰타기에 가능한 이야기였다.

내가 시간을 낼 수 있는 기간은 금, 토, 일 정도였고, 로마와 밀라노 중 어느 곳으로 갈지만 정하면 되는 상태. 아무리 생각해도 로마는 내게 2박 3일로 부족할 것 같았고, 고작 밀라노만을 위해 비싼 비행기 삯을 지불하는 것도 아닌 듯했다. 내 기준에 밀라노는 두오모 구경 말고 딱히 할 일이 없어 보이는 도시였다. 고심하던 나는 결국 속성 베네치아& 밀라노 2박 3일 코스를 만들어냈다. 그럭저럭 예산도 맞춰놓았고, 빡빡하긴 했지만 스케줄도 충분히 소화할 수 있을 것 같았다. 문제는 와이파이였다. 이탈리아에서 3일 동안 쓸 유심을 구할 수 없었기 때문이다. 찾아본 바로는 7일 상품부터 구할 수 있었고, 고작 3일 머무를 건데 7일짜리 유심을 사자니 돈이 너무 아까웠다. 고민 끝에 근거 없는 자신감을 믿기로 했다. 스케줄을 똑바로 짜면 된다! 가이드북에 의존하자! 아날로그 지도로도 충분히 찾을 수 있다! 불과 10년 전만 해도 옛날 사람들(?)은 와이파이 없이 여행했다! 나도 할 수 있다!

나도 할 수 있었다. 아니, 할 순 있었다. 더럽게 힘들었지만…. 베네치아 인근의 트레비소공항에 도착한 나는 1시간가량 셔틀버스를 타고 베네치아로 이동했다. 멋지게도 버스 안에서는 와이파이가 터졌다! 그 1시간만큼은 와이파이 서비스를 누리고 산타루치아역 인근에 내렸다. 와, 사진에서만 보던 베네치아다! 내가 베네치아에 왔어, 세상에! 상상했던 것보다 더 멋진 물의 도시 풍광에 헤실헤실 웃기 시작했다.

　지금부터는 무거운 배낭을 메고 숙소까지 이동하며 관광하는 대장정이 펼쳐진다. 스마트폰 데이터 없이! 하필 돈 아끼겠다고 숙소를 베네치아 본섬이 아닌 쥬데카섬으로 잡았다. 산마르코광장 선착장까지 걸어가서 수상버스를 타고 바다를 건너가야 하는 루트였다. 선착장까지 걸어가면 1시간쯤 걸릴 것 같으니, 관광하는 시간까지 더하면 2시간 정도면 되지 않을까? 의기양양하게 출발했다. 하지만 내가 망각한 사실이 두 가지 있었는데, 첫 번째는 아무리 편한 배낭이어도 10분 후부터는 어깨가 아플 수밖에 없다는 사실이었고, 두 번째는 오래된 유럽 도시의 길이란 동아시아 신도시와 달리 길 찾기가 호락호락하진 않다는 사실이었다. 비슷비슷하게 좁은 길이 나오기 시작하자 결국 길을 잃었다. 지도대로 가고 있는 것 같았는데, 여기가 어딘지 도저히 모르겠더라. 한번 방향 감각을 상실하면 그냥 끝이다. 아니, 스마트폰 없던 시절엔 도대체 어떻게 여행한 거야? 이 정도면 여행자 아니고 모험가 아닌지?

　그래도 베네치아는 관광지였다. 중간부터는 지도 따윈 반쯤 버려

두고, 도시 곳곳의 관광지 이정표를 좌표 삼아 걸었다. 여기로 가면 리알토다리, 여기로 가면 산마르코광장! 이정표 표시가 이렇게 반가울 데가. 어깨가 좀 가라앉을 뻔한 것을 빼면 무사히 선착장까지 도착했다. 수상버스를 타고 쥬데카섬까지 가는 데도 성공했다. 하지만 보슬보슬 비가 내리기 시작했고, 호스텔 입구를 코앞에 두고 또 헤매고야 말았다. 지도로 봤을 땐 그냥 선착장에 내리면 코앞에 보일 줄 알았는데, 왜 또 안 보이는 것이냐…. 몇 번째 건물인지 일일이 체크를 하고 왔어야 했다. 내리자마자 쉽게 찾을 줄 알고 방심한 것이다.

"죄송한데, 여기 ○○○호스텔이 어디 있는지 아시나요?"

현지인 포스를 풍기는 아저씨한테 물어봤더니, 자기도 모른단다. 아니! 호스텔 규모가 되게 큰 것 같았는데, 현지인이 모를 수 있는 거야? 응? 일단 뭐든 간에 바깥 길로 걸어보라는 아저씨의 조언을 따라 다시 바닷가로 나가 호스텔이 있을 것으로 추정되는 길 앞을 두리번거렸다. 방황 끝에 찾은 대형 체인 호스텔 입구는 놀랍게도 아무런 표시가 되어 있지 않았다. 왜죠…? 이러니 현지인도 모를 만했다. 간판은커녕 지나가다 호스텔이 있는 줄도 모르게 생겼더라. 그래도 분위기는 좋았다. 쥬데카섬의 풍경도 끝내줬고, 본섬을 오갈 때마다 매번 귀찮게 수상버스를 타야 하는 것도 예쁘니까 나쁘지 않았다. 감옥 같을 줄 알았던 16인실도 생각보다 쓸 만했다. 다음에 베네치아에 오게 되어도 또 묵고 싶을 정도로 가격 대비 매우 괜찮았다.

한번 숙소에 도착하니 그 뒤 관광은 일사천리로 진행되었다. 해가 질 때까지 산마르코광장의 모든 관광지를 섭렵했고, 다음날에는 부라노섬까지 다녀올 정도로 여유 있었다. 어려운 줄만 알았던 베네치아 수상버스도 타다 보니 시스템에 적응했다. 산타루치아역에 도착하고, 1박 2일간의 베네치아 여행을 무사히 마무리했다. 가성비로만 따지면 이보다 더 알찰 수는 없으리라. 기차에 몸을 싣고 뿌듯한 마음으로 밀라노로 향했다. 별생각 없이 예매했는데, 안락한 데다 저렴하고 조용한 100점짜리 기차였다. 2시간 반을 달려 내린 곳은 밀라노 중앙역. 유럽에서도 웅장하고 아름답기로 첫손가락에 꼽히는 기차역이다. 영화 「냉정과 열정 사이」의 기차역 씬 배경이기도 하다. 현대 도시다운 유럽은 처음 보는지라 속으로 방방 뛰며 기차역 밖으로 나갔다. 해가 차츰 지고 있었고, 본디 도시에 살던 사람답게 자연스레 지하철에 탔다. 지하철이 깔린 도시라니, 행복하다! 밀라노 지하철은 유럽에서 만나는 나의 첫 지하철이었다.

고작 두 정거장 가고 숙소가 있는 역에 내렸다. 내리면서 뭔가 이상하다는 것을 알아챘다. 잠깐만, 어느 출구로 나가야 하지? 미리 캡처해둔 지도는 지나치게 심플했고, 출구 따윈 지도상에 보이지도 않았다. 아니, 지금 내가 나온 곳이 어디란 말인가…. 구글 지도시여, 적어도 제가 어디로 나왔는지는 알아야 동서남북 방향이라도 잡아볼 것 아닙니까. 슬프게도 그 사이에 해도 모두 내려앉았다. 훗날 확인해보았는데, 놀랍게도 아무리 확대해도 구글 지도에 지하철 출입구는 표시되어 있지 않더라. 조금 걸어보면 어디 즈음인지 알 수 있겠지 싶어 걸어보았건만, 걸으면 걸을수록 이상한 곳으로 가는 기분이었다. 유럽식 고층 빌딩이 즐비한 곳이었는데, 이상하게도 길거리에 사람이 없었다. 밀라노, 너 대도시 아니었니?

"실례합니다. XXX 호스텔을 찾고 있는데 어디 있는지 아시나요?"

지나가는 사람 중 친절해 보이는 커플을 발견해 용기 내 물었다.

"저는 미국에서 와서 여기는 잘 몰라요!"

"어, 그러신가요…. 그럼 혹시 인터넷 되면 검색이라도 해주실 수 있을까요?"

"저도 지금 휴대폰이 안돼서요. 아마 저쪽이지 않을까요? 저기로 한번 가보세요."

"아, 네. 감사합니다…."

전혀 도움이 안 되는 여행객 인터뷰를 마치고 울며 겨자 먹기로 그 여행객들이 가라고 한 곳으로 가보았다. '아마 저쪽'일 것이라는 추측은 어디서 나온 건데요…? 전혀 호스텔이 있을 것 같지 않은 곳에서 한숨만 푹 쉬고 있을 수밖에 없었다. 인제 어쩌지? 무작정 보이는 사람마다 물어보면, 누군가는 알지 않을까? 아니면 다시 지하철역까지 걸어가서 찾아볼까? 날은 어둡고, 사람도 없고. 와이파이 없이 다닐 수 있다고 큰소리 뻥뻥 쳤건만 이게 무슨 꼴이람. 그 찰나 내 눈에 커다란 안내 지도가 들어왔다. 이거다!!!! 현재 위치가 찍힌 지도다!

희망을 발견한 나는 도심 표지판을 그대로 껴안고 싶었다. 고맙다,

너란 존재! 스마트폰에 캡처해둔 기존 지도와 내 눈앞에 있는 안내 지도를 꼼꼼하게 분석했다. 정신을 차리고 방향을 찾기 위해 스마트폰을 이리저리 돌려가며 길이 난 모양새를 매치했다. 방향을 잡고 휴대폰의 지도 위에 숙소까지 갈 길을 그렸다. 펜 기능이 탑재된 휴대폰을 사고 한 번도 기능을 제대로 써 본 적이 없었는데, 이리도 유용한 기능이었다니. 야, 아까 나보고 이쪽으로 가보라던 사람 누구였어. 완전히 반대 방향으로 가라고 안내했잖아? 그래도 표지판을 발견하긴 했으니, 감사하긴 해야 할까 싶었다.

　방향을 찾으니 그 뒤로는 수월하게 숙소까지 걸어갔다. 나, 지도 잘 보는 사람 맞잖아! 단지 지도가 꼼꼼하게 그려져 있을 때에 한해서지만. 왔던 길을 완전히 다시 걸어가야만 했다. 제대로 반대 방향을 걸어온 셈이었다. 생전 처음 와보는 도시, 그것도 해가 진 밤거리에서 무려 1시간을 허비했다. 지금 생각해보면, 해외에서 '삘짓'한 사례 대다수는 휴대폰 데이터가 없어 벌어진 일이었다. 전부 다 돈 아끼겠다고 유심을 사지 않거나, 공항 가는 날은 공항만 가면 된다고 하루 일찍 끊기는 유심을 사거나, 도착 첫날 정도는 데이터 없이도 다니겠다고 자만했을 때 벌어진 일이었다. 스마트폰 없던 시절에는 다들 어떻게 여행한 건가요? 이렇게 또, 나는 프로여행가가 아니며 남의 동네에 방문할 때는 매번 겸손해야 함을 배운다.

3

그놈의 덕질 덕분에

현대인이 스마트폰을 잃어버린다는 것은 어떤 의미에서 지갑이나 여권을 잃어버린 것보다 훨씬 큰 치명타를 안긴다. 해외여행 중에 스마트폰을 잃어버리거나 도난 당해 본 적 있는 사람들은 이 기분을 잘 알 것이다. 그런데 현지에서 스마트폰이 말 그대로 고장 나버린 경험, 혹시 있으시온지…. 나는 있다. 그것도 여행 첫날에, 스마트폰께서 서거하셨다.

저의 스마트폰 님께선 오래 버티시긴 했다. 2011년 말에 사서 2015년 봄에 가셨으니, 꼬박 3년 반을 채우셨다. 스마트폰 초창기 기종이니, 나날이 무거워지는 소프트웨어 탓에 버벅대다 돌아가셨을 것으로 추정된다. 그런데, 이왕 돌아가실 거면 타이밍이라도 잘 맞춰서 돌아가시지 그랬어요, 선생님….

스마트폰이 운명한 날은 도쿄 여행 첫날이었다. 일반적인 여행은 아니었다. 스마트폰만큼이나 나에게도 이런저런 사연이 많은 날이 었는데, 이날은 나에겐 네 번째 도쿄였고 이번 도쿄행의 주목적은 콘서트 관람이었다. 이날은 10대 때부터 꿈꿔오던 첫 도쿄돔 콘서트 관람을 앞두고 아주 신이 난 상태였다. 그리고 2015년은 내가 오사카에서 교환학생으로 머물고 있던 시기이기도 했다. 오사카에서 도쿄로 이동만 하면 되는 환경이었는데, 웃기게도 일정이 조금 꼬여버렸다. 콘서트란 으레 그렇듯 나의 의지와는 상관없이 주최 측이 짜놓은 일정에 따라가야 한다. 그 일정이 참 애매하게도 잡혔다. 일 년에 한 번 한국에 다녀올 예정이 있었는데, 바로 그 직후로 콘서트 일정이 잡힐 줄이야! 미리 예매해둔 비행기는 버리는 셈 치고 바로 도쿄로 떠날까 싶었지만, 지갑 사정도 다시 따져봐야 했다. 결국 나는 안락함보다는 돈과 모험을 선택했다. 오사카로 돌아온 날 저녁, 집에 김치만 냉장고에 넣어 두고 다시 도쿄행 야간버스를 타러 가는 강행군을….

고향 집 대구에서 김해공항으로, 그리고 간사이공항에 내려 아주 잠깐 집에 들르곤, 우메다 버스터미널에서 신주쿠 버스터미널까지 내달린 게 고작 하루만의 일이었다. 불과 24시간도 안 되어서 대구, 부산, 오사카, 도쿄를 모두 들른 것이다. 오사카에서는 집에 들러 정말 김치만 놓고 왔는데, 야간버스를 놓칠까 봐 심지어 빗길을 뚫고 뛰어갔다. 오사카에서 도쿄까지는 버스로 약 8시간 반. 도쿄에 도착하니 심신이 모두 기진맥진한 상태였다. 버스에서 내리자마자 찾아간 곳은 목욕탕이었다. 비에 맞고 땀에 찌들어 도저히 어떻게 버텨볼 수 있는 상태가 아니었다. 신주쿠 목욕탕을 검색해서 찾아갔더니, 장소가 장소여서 그런지 비싸기도 더럽게 비쌌다. 1시간 조금 더 목욕탕 서비스를 이용했을 뿐인데, 2,000엔을 넘게 지급했다. 그 와중에 추가 10분당 몇백 엔씩 추가 요금을 요구하니 아, 야박하다 야박해! 생고생하면서 아낀 돈이 목욕 따위로 뜯기는 건 한순간이구나. 그래도 게으른 내가 아침으로 맥모닝 세트를 먹고 있으니 조금 뿌듯하긴 했다. 대장정을 끝냈으니, 이제 정말 머무는 3박 4일 동안 즐길 거리만 남았구나! 싶었다.

이른 아침부터 도쿄돔에 도착했다. 아침부터 달리 할 일이 없어서이기도 했고, 콘서트 굿즈 선행판매 줄을 서기 위해서이기도 했다. 지금도 왜 이렇게 무식한(?) 방법으로 '덕질'을 해야 하는지 모르겠지만, 남들도 다 하니까 나도 하기 위해 왔다. 일찍 와서 줄을 서는 건 괴롭지만, 까딱하면 원하는 굿즈가 동나는 사태도 종종 일어나기 때문이다. 이른 아침의 도쿄돔은 그야말로 한적했다. 사람이 한 명도 없는 화장실을 이용하러 들어갔는데, 왠지 모를 이 상쾌함! 쾌적함! 짜릿함! 그리고 내 휴대폰은 어이없게도 여기서 먹통이 되었다. 말 그대로 수명이 다해 갑자기 멈췄다. 당황해서 껐다 켰는데, 다시는 켜지지 않더라. 이럴 수가…. 얘야, 다른 곳도 아니고 여기서 멈춰

버린다고? 진심이니?

허탈하게 머리를 굴려봤다. 어떡하지? 날아간 사진 따위가 문제가 아니었다. 일단 도쿄에서 만나야 할 친구들이 많았으니 그들과 어떻게 연락할 것인가가 첫 번째 고민이었다. 또 새 휴대폰을 구할 수 있는 환경도 아니었다. 애당초 낡은 휴대폰을 들고 일본에 온 것도 비슷한 이유였다. 한국에서 휴대폰을 새로 사자니, 통신요금 혜택을 못받고 기깃값만 낼 돈이 아까웠다. 무엇보다 아직 휴대폰이 멀쩡했다. 일본에서 통신사 계약을 하면 보통 2년 약정에 들게 되는데, 나는 1년만 일본에 머무를 예정이었고 일본의 위약금은 '옜다' 하고 주기엔 어마어마했다. 결국 내가 선택한 것은 한국에서 와이파이 라우터를 1년간 빌려오자는 선택지였다. 매일 와이파이 라우터를 충전해서 들고 다니는 것도 여간 귀찮은 일이 아니었고, 기기 대여 값도 절대 싸지 않았으나, 다른 선택지에 비해서는 경제적으로 좋은 선택지였다. 그랬는데 여기서 새 휴대폰을 사게 된다면, 돈은 돈대로 들고 그간 내 노력이 허무하게 사라지는 게 아닌가! 억울해서라도 아니 된다! 중고폰을 구하자! 하지만 기존 유심 사이즈가 같은 옛날 기종만이 유심 호환이 된단다. 머리가 지끈거렸다.

일단 멍하니 굿즈 줄이나 서기로 했다. 사전판매 오픈 세 시간 전에 왔는데도 앞에 수백 명도 넘는 사람이 이미 줄을 서 있었다. 나도 참 대단하지만, 다들 정말 대단하구나…. 도쿄돔시티의 롤러코스터가 여러 차례 비명을 지르며 지나갔다. 덕분에 그나마 덜 지겨웠다. 정오가 다가오니 5월의 햇빛이 쏟아지기 시작했다. 구멍이 송송 난 옷을 입은 탓에 구멍 모양대로 살결이 탈 것 같았다. 안 돼! 오사카에서 썼던 우산을 펴서 급하게 몸을 가렸다. 이 지겨운 시간 동안 할 일이라곤 혹시 몰라 챙겨온 도쿄 가이드북 한 권을 정독하는 일뿐이었다. 휴대폰도 없고 친구도 없는데 달리 뭘 할 수 있겠는가.

"죄송한데, 지금 몇 시예요? 제가 시계가 없어서…."

더욱더 슬픈 것은 세 시간을 기다리는 와중에 지금 몇 시인지 스스로 알 길이 없다는 사실이었다. 끔찍하지 않은지? 그렇게 약 한 시간 간격으로 뒷사람에게 시간을 물어야만 했다. 기나긴 시간이 지나 굿즈 구매에 성공했다. 친구에게 부탁받은 것까지 든든히 사서 나오니 뿌듯함이 일어야 하거늘, 이제부터 어떻게 해야 하나 막막하기만 했다.

'맞아, 나 노트북 가져왔지!'

기적적으로 들고 온 노트북이 떠올랐다. 당시 노트북은 지금처럼 가벼운 노트북도 아니었다. 족히 3kg은 되는 무게였으니 거의 흉기 급의 노트북을 내가 왜 도쿄까지 끌고 왔는가. 고작 3박 4일 일정에 말이다. 이유는 게을렀던(?) 덕질에 있었는데, 친구의 콘서트 DVD를 대행해주면서 '비싸니까 난 이번 DVD는 안 사련다. 대신 네 DVD를 먼저 뜯어봐도 되겠냐'는 부탁을 했기 때문이다. 그 DVD를 도쿄에서 전달해주기로 했으나 수록된 특전이 너무 많아서 차마 다 못 봤다. 그러니까 숙소에서라도 다 보고 주려고 그 무거운 노트북을 굳이 들고 온 것이다. 전날 그 빗길에 무거운 노트북을 어깨에 메고 달리는데 내가 뭐 하는 짓인가 싶더라니, 이 노트북조차 없었으면 정말 큰일 날 뻔했다. 전철 역 물품보관함에 넣어둔 가방을 다시 열어 노트북만 끄집어냈다. 일본은 물품보관함에 한번 넣는 돈도 비싼데, 후우…. 노트북을 들고 역 앞의 카페에 들어갔다. 저렴한데다 와이파이에 콘센트까지 제공하는 카페가 바로 앞에 있어서 얼마나 다행인지! 일본선 그런 카페를 찾기가 의외로 힘들다. 노트북을 켜서 나의 도쿄 일정에 연루된(?) 친구들에게 메시지를 날렸다.

"친구야, 나 폰이 맛이 가서 그런데, XX카페에서 기다릴 테니까 지금 여기로 와 줄 수 있어?"

"언니ㅠㅠ 제가 폰이 갑자기 고장 나서 그런데, 내일 n시까지 XX카페에서 만나요! 먼저 가서 기다리고 있을게요."

이때 노트북과 PC카톡의 위대함을 깨달았다. 연락도 못 했으면 정말 큰일 날 뻔했다. 약속 당일 잠수 탄 친구가 되고, 하마터면 콘서트 티켓 교환도 못 할 뻔했다. 나의 도쿄 일정이 꼬일 테면 제대로 꼬일 수 있었다는 얘기다. 현대 인간이 얼마나 기계에 모든 것을 의지하고 사는지 몸소 깨달았다. 친구 전화번호조차 하나 못 외우고 있으니 연락할 길이 없는 것이다.

'전화위복'이라는 말이 이처럼 와 닿은 적이 없었는데, 우연히 무거운 노트북을 가져온 일이 그랬고, 귀찮게 내가 와이파이 라우터를 들고 다니고 있단 사실이 그랬다. 노트북을 휴대폰 삼아서 연락하면 못 할 것도 없었다. 길거리에서 심각하게 거추장스럽다는 치명적인 단점이 있긴 했지만. 이동 중 급하게 연락을 해야 하거나 검색이 필요할 때는 상점가 근처에 쪼그리고 앉아 노트북을 켰다. 정말 부끄러웠지만 이거라도 할 수 있는 게 어딘가 싶었다.

그런데 여기서 또 어이없는 일이 발생했다. 휴대폰과 비슷한 시기에 산 노트북도 슬슬 배터리에 이상이 생기기 시작한 것이다. 노트북은 충전기가 꽂혀있지 않으면 스스로 켜져 있기를 거부하기 시작했다. 하필 이 타이밍에! 넌 또 왜 그래!!! 결국 나는 콘센트가 없으면 아무 것도 할 수 없는 운명이 되었다. 3박 4일 일정 중에는 콘서트 이외에도 개인적인 시간을 즐길 계획이 있었으나 깡그리 뭉개졌다. 일단 검색할 수 없으니 도쿄 전철 이용이 거의 모험에 가까워졌다. 휴대폰이 없으니 숙소, 도쿄돔, 신주쿠 말고는 어떻게 가는지도 잘 모르겠더라. 마지막 날에는 결국 맥도날드에 온종일 앉아 콘서트 리뷰나 쓰며 시간을 보냈다. 도쿄에서의 귀한 시간을 이렇게 보내다니! 그나마 이틀간 콘서트를 봐서 즐거운 상태였기에 이 난감한 사태를 버틸 수 있었던 것 같다.

"이거랑 똑같은 중고폰 찾을 수 있을까요?"
"글쎄요. 찾기 힘들 것 같네요."

아키하바라를 이런 고전적인 이유로 찾을 줄이야. 아키하바라는 과거 전자 상가로 이름을 날렸으나, 현재는 애니메이션 오타쿠의 성지로 더 유명하다. 결국 아키하바라에서 적합한 물건을 찾지 못했고, 천 엔짜리 손목시계나 하나 사서 나왔다. '이야, 진짜 어떡하나' 싶던 차, 페이스북에 올린 [갤럭시

S2 중고폰 급구] 글을 본 친구 한 명에게서 연락이 왔다.

"언니! 나 집에 갤투 남는 거 있어. 그냥 줄게. 일본으로 보낼까?"

"헐! 헐! 야, 너 완전 구세주야! 사랑해!"

그는 몇 년 전 함께 덕질을 하다 소위 탈덕 루트를 걸은 친구였는데, 이렇게 또 큰 도움이 되었다. 덕질에서 시작해 덕질로 끝나는 에피소드라니, 인생사 새옹지마다.

비키니 차림으로
밖에 갇히다

아마 고등학교 2학년 때였을 것이다. 당시
학교에서는 외국인과의 채팅이 유행이었다. 회원가입 없이 한 사이
트에 접속하면 자동으로 누군가와 1:1 매칭이 되는 방식이었다. 교
실에서 누군가 한 명이 외국인과 채팅하며 낄낄대기 시작하자 국적과
성별, 나이 정도를 밝힌 후 대부분은 시답잖은 헛소리를 하는 일회성 채팅이긴 했다, 너도나
도 할 것 없이 쉬는 시간에 학교 곳곳의 컴퓨터로 채팅을 하기 시작
했다. 나도 그중 한 명이었다.

회원가입 없이 자동으로 매칭된다고 함은 이 채팅에 큰 기대를 걸면
안 된다는 뜻이다. 개중에는 접속하자마자 여자냐고 묻더니 여자라
고 하면 성희롱을 시작하고, 남자라고 하면 바로 채팅방을 나가버리
는 작자들도 수없이 많았다. 영어로 대화하다가도 서로가 한국인임을

알고 어색한 한국어로 채팅을 마무리한 적도 많았다. 그렇지만 또 멀쩡한 사람들은 정말 외국인 친구를 사귀고 싶어 채팅창을 켰을 테다.

하루는 채팅방에서 보기 드문 멀쩡한 사람을 한 명 만났다.

"안녕, 내 이름은 다리오야."

그 애는 이탈리아인으로 나이는 나보다 한 살 어린 남자애였다. 그는 영어를 나보다 훨씬 잘했음에도 나의 느린 답장 속도에 아무런 불만이 없었고 또 상냥하게 대답도 잘 해줬다. 우리는 각자의 나라에 대한 시시콜콜한 이야기들을 주고받았고, 페이스북 친구가 되는 것까지 성공했다.

"나중에 이탈리아에 놀러 와!"

"그래! 너도 한국에 놀러 오면 날 불러!"

이후로도 종종 채팅했지만 대부분의 어릴 적 추억이 그렇듯, 세월이 흘러 그와 나는 페이스북에서 좋아요 정도만 가끔 눌러주는 사이가 되었다.

시간이 흘러 내가 몰타에 머물던 시기였다. 유럽 여행을 계획하며, 물론 이탈리아 여행 또한 나의 야심 찬 계획의 한 부분이었다. 그렇지만 여행 계획을 짜며 딱히 그 친구에게 연락해봐야겠단 생각은 하지 않았다. 그 시절의 지나간 친구라는 이미지가 강했기 때문이다.

"저는 몰타에 왔어요! 8월까지 몰타에 있을 예정이랍니다."

페이스북에 근황을 전하며 글을 하나 올렸다. 그랬더니 갑자기 잊고 있던 그 친구에게 페이스북 메시지가 띠용 하나 오는 것이었다.

"너 드디어 유럽에 왔구나? 유럽 여행도 할 거지? 옛날에 약속한 거 기억해? 우리 꼭 만나자!"

솔직히 지켜질 약속이라고 생각지 못했기에 조금 당황스러웠지만, 좋은 기억으로 남아있던 지라 바로 싹싹하게 대답했다.

"물론 기억하고 있지! 이탈리아 어디에 살고 있어?"

"나는 지금 오스트리아의 제펠트인티롤이라는 작은 도시의 호텔에서 일하고 있어."

"그럼 지금 오스트리아에 있는 거야?"

"응. 네가 우리 호텔에 오면 공짜로 재워줄게."

그리고 한 달 뒤, 나는 정말 제펠트인티롤에 와 있었다. 조그만 기차역에 내리니 페이스북 사진에서나 봤던 그가 손을 흔들고 있었다.

그가 아니었으면 나는 아마 평생 제펠트인티롤에 방문해보지 못했을 것이다. 아니, 도시의 이름조차 들어보지 못했을 확률이 높다. 제펠트인티롤은 독일어로 'Seefeld in Tirol'이다. 오스트리아 티롤주의 제펠트 고원에 있다는 직설적인 이름을 가졌다. 우리나라에는 거의 알려지지 않은 곳이지만, 유럽에서는 알프스 산자락에 있는 겨울 휴양지로 나름 인기 있는 곳이란다. 인스브루크에서 조금만 이동하면 되는데, 인스브루크는 알프스 산맥에 있는 도시 중에 가장 큰 도시다. 높게 들어선 건물 뒤로 비장하게 눈 덮인 산이 깔린 풍경이다. 알프스를 품은 도시는 굳이 친구가 아니더라도 충분히 방문의 가치가 있었다. 제펠트인티롤 또한 인프라가 잘 갖춰져 있으면서도, 한국에는 전혀 알려지지 않은 현지 스폿이니 여행자의 마음을 두근거리게 만들었다. 제펠트인티롤에서는 백인 외의 관광객을 전혀 볼 수 없었다.

"빈에서 체류하는 일정을 하루 줄이고, 내 친구가 있는 곳에서 하루 묵어도 될까? 호텔에서 무료로 재워준대!"

"계획은 네가 짜기로 했으니까 마음대로 해."

오스트리아에서 동행을 약속한 친구에게 양해를 구한 후 기차표를 새로 예약했다. 기존의 계획은 잘츠부르크에서 바로 빈으로 넘어가는 일정이었지만, 시간을 쪼개 인스브루크로 넘어가 제펠트인티롤에서 하루를 쏟아보기로 한 것이다.

인터넷에서만 보던 펜팔 친구와 만나는 것은 TV에서만 보던 연예인을 실제로 만나는 것보다 더욱 신기하고 두근거리는 일이었다.

"네가 지선이니? 만나서 반가워!"

"진짜 만나서 반가워! 너를 실제로 볼 수 있을 거라곤 상상하지 못했어!"

"하하. 어릴 때 했던 약속을 지킬 수 있어서 다행이야."

실제로 본 그는 온라인과 똑같이 상냥하고 친절했다. 이탈리아 남자에 대한 편견 덕에 '혹시나' 하는 의심이 전혀 없진 않았지만, 그는 어떻게든 아시안 여자를 한번 노려보는 따위의, 전혀 그런 부류의 사람이 아니었다.

"네 친구 진짜 착하더라."

함께 온 친구에게까지 인정을 받으니 괜히 뿌듯했다.

"이거 뭔데? 우리가 먹어도 되는 거야?"

몇 시간 후, 우리는 호텔 레스토랑의 고급 테이블, 그것도 남들과는 분리되어 우리만을 위한 단독 예약석에 얼떨떨하게 앉아 있었다.

"어…. 글쎄…. 저녁도 사준다고는 했는데, 이렇게 호화로울 줄이야…."

우리만을 위해 준비한 테이블에 앉아 호텔 코스 요리를 대접받고 있었다. 이런 경험은 처음이라 스푼이나 포크의 위치조차 어디에 두어야 할지 몰라 우왕좌왕하고 있었다.

"일개 직원이 이렇게 힘이 있다고? 야, 네 친구한테 다시 물어봐. 알고 보면 사장 아들 이런 거 아냐?"

"그, 글쎄. 그런 말은 전혀 없었는데."

다리오는 우리에게 고급 코스 요리를 대접한 후, 정작 자신은 일하러 갔다. 소믈리에가 와서 와인을 몇 차례 따라준 후 사라졌고, 우리는 이미 몇 개의 접시를 대접받은 후였다. 게다가 이 호텔은 누군가가 그저 호의로 쉽게 재워줄 만한 호텔도 아니었다. 호텔 방은 넓고 쾌적했으며, 심지어 우리에게 퀸사이즈 침대 두 개가 제공되었다. 산자락의 작은 호텔 치고는 부대시설마저 지나치게 좋았다.

"뭔데 이렇게 잘해주지?"

친구가 내내 의문을 품었으나, 나조차 그 이유를 알 수 없었다. 가난한 배낭여행자의 유럽 여행 중에 이런 호화가 있어도 되나? 그것도 오래전에 채팅 한번 잘했다는 이유로.

우리가 온갖 호화를 다 누리는 동안 밤 10시가 되었고, 다리오는 이제야 퇴근했음을 알려왔다.

"지금 밖으로 나와! 술 마시러 가자!"

이미 해가 전부 내려앉은 밖으로 나가니 그는 동료 직원 친구와 함께 우리를 기다리고 있었다. 그리고 나름대로 제펠트인티롤의 번화가라고 할 만한 곳의 술집에 우리를 데려갔다. 그들의 일상에 껴서 맥주며 칵테일을 곁들이며 별 볼 일 없는 이야기를 이어나갔지만, 이 일의 모든 출발이 고등학생 때 재미로 들어간 채팅이라는 것을 되새겨보면 사람의 인연이라는 것이 그저 놀랍다는 생각만 들었다.

"너, 근데, 혹시, 호오오옥시, 사장 아들이야?"

"하하. 그럴 리가. 나는 그냥 평범한 직원이라고."

"그런데 이렇게 좋은 방도 내주고, 디너 코스 요리도 내주고. 이게 가능해?"

"응. 그런데 방을 예약해준 건 비밀이야. 다른 직원한테는 말하면 안 돼."

나는 아직도 그가 어떻게 권력을 남용했는지(?) 그 비밀을 모른다. 여전히 이날 밤은 내 인생 최고의 횡재 겸 미스터리 중 하나로 남아 있다.

"우리 호텔은 부대시설이 최고 자랑거리야. 바쁘더라도 시간을 내서 부대시설을 이용해 봤으면 좋겠어."

다음날 힘겹게 눈을 뜬 나는 혼자서 조식을 먹으러 갔다. 연이은 하드 스케줄과 전날 밤의 늦은 취침으로 친구는 너무 일어나기 힘들다며 조식 찬스를 거부했다. 휴양온 백인들 틈에서 혼자만 아시안인 게 왠지 모르게 멋쩍었다.

"네가 다리오 친구구나? 이야기 들었어. 여기 앉아."

그 와중에 다리오의 '인싸력'은 어디까지인지, 직원들 사이에 내 소문이 퍼져 있었다. 직원들의 온갖 배려를 받으며 특별 손님인 양 혼자 조식을 먹고 있자니, 왠지 모르게 부끄럽기도 하고 얼른 식사를 마치고 사라지고 싶었다. 대접도 평소에 받던 사람들이 잘 받는 거지, 안 받다가 대접받으려니 모든 게 민망했다.

식사를 마치고 방으로 돌아와 친구를 깨웠다.

"부대시설 이용하러 안 갈 거야? 여기 수영장도 있고, 스파도 있어. 사진 보니까 되게 좋아 보이더라."

친구는 평소에도 수영장이나 스파를 전혀 좋아하지 않는다고 해서, 결국 각자의 시간을 가지기로 했다.

호텔 1층에 있는 스파는 그야말로 깔끔하고 안락한 힐링 스폿이었다. 나는 수영복으로 갈아입고 혼자서 구석구석 돌아다니기 시작했다. 수영장에서 혼자서 물장구를 치다가 지겨워지면 사우나에 들어가 보기도 하고, 스파 베드에 누워 고요한 노래를 들으며 명상에 잠기기도 했다. 옆에는 이유를 알 수 없는 오리엔탈리즘 불상까지 있어 아마 발리 같은 분위기를 연출하고 싶었나 보다. 괜히 경건해지는 느낌이었다. 평일 오전이라 이용객도 거의 없었던지라 공간을 혼자 대여해 쓰는 것만 같은 꿈같은 시간이었다. 정말 좋았다. 그런데 딱 여기까지만 좋았다. 사람이 쓸데없는 호기심을 부리면 안 되는데…. 인간의 8대 죄악에는 호기심이 들어감이 틀림없다.

스파 곳곳을 탐방하다 바깥과 통하는 문을 발견한 나는 멋진 테라스라도 있나 싶어 자연스럽게 밖으로 나섰다. 계단이 나 있는 데다 뒷산 방향이라 숲이 보였기 때문이다. 밖으로 나가 기웃거려보니, 딱히 스파 이용객이 나가보라고 만든 길은 아닌 것 같았다. 이 계단은 호텔의 다른 객실 테라스로 이어지는 길이었다.

'앗'

남의 객실이 훤히 들여다보이자 나는 당황해서 다시 돌아왔다. 그리고 문을 여는 순간.

'헉. 잠겼잖아?'

문은 아무리 돌려봐도 열릴 기미가 보이지 않았고, 스파 안을 돌아다니는 사람도 없었다. 밖에선 열리지 않는 자동 잠금 장치였던 것이다. 아니! 이놈의 유럽은 매번 열쇠로 돌리는 구식 시스템이더니, 왜 하필 이럴 때만 최신식 문인 건데! 안 돼. 열어달란 말이야! 다른 길이라도 있나 싶어 길이란 길은 다 탐방해보았지만, 호텔 정문으로 가는 길은 보란 듯이 막혀 있었다.

'어떻게 나가? 뒷산에 갇혔어.'

더욱 최악인 것은, 내가 오직 비키니 차림이었다는 것이다…. 옷이나 제대로 갖춰 입었으면 구르든 뛰든 어떻게 몸이라도 굴려보지. 이렇게 난감할 수가.

'비키니면 어때? 이래봬도 이것도 옷이라고. 정문으로 통하는 담이라도 넘어볼까?'

진지하게 고민해봤는데, 이 차림으로 호텔의 문을 들어설 자신이 없었다. 안 돼…. 대자연 속에서 혼자 벌거벗고 방황하는 기분이었다. 바닷가도 아니고 알프스 산자락에서 뭐 하는 짓이람.

'그냥 포기하고 친구가 찾으러 올 때까지 밖에서 기다릴까? 계속 안 나타나면 언젠간 찾으러 오겠지.'

그런데 몇 시간 후에 이 꼴로 발견되어 친구가 문을 열어주는 장면을 생각했더니, 그것도 끔찍하게 싫었다. 으악! 안 돼! 어떻게든 혼자서 나가야 해!

여행 인생에 이렇게까지 당황스러운 적이 없었는데. 하아…. 나는 마지막으로 처음에 봤던 객실 테라스에 희망을 걸었다.

'객실을 통해 실내로 이동하자. 운이 좋으면 객실에 있던 사람이 나를 도와줄 수도 있잖아. 물론 갑자기 테라스 문을 두드리면 너무 놀라긴 하겠지만 어쩔 수 없지. 한번 보고 말 사이니 그래도 나중에 친구들한테 발견되는 것보단 나은 것 같아.'

혹시나 객실에 사람이 없으면 테라스라도 열려 있기를. 그래서 객실을 통해 실내로 들어갈 수 있기를 간절히 빌었다. 그렇게 '어떤 객실을 선택할까' 하며 밖을 서성거리고 있을 때, 객실에 있던 한 손님이 나를 발견했다. 객실에서 숲을 조망하고 있던 할머니였다. 그와 눈이 마주치자 나는 멋쩍게 인사를 하며 간절하게 도움을 요청했다. 숲속에서 비키니 차림의 동양인 여자애가 나타나 멋쩍은 미소를 보내고 있으니 얼마나 당황스러웠을까….

"무슨 일 있어요?"

그가 테라스 문을 열고 밖으로 나왔다.

"제가 스파에서 밖으로 나왔는데 문이 잠겨서 완전히 갇혀 있거든요. 저 좀 도와주실 수 있나요?"

"아하, 그런 일이…. 알겠어요. 도와줄게요."

"네, 정말 죄송하지만 제가 객실 안으로 들어가도…."

"잠시만 거기서 기다리세요."

그는 갑자기 객실 밖으로 나갔고, 영문도 모르는 나는 다시 경악하고 있었다.

'안 돼! 왜 나가신 거죠? 직원이라도 불러오시려는 건가요? 이 꼴로 더 이상 많은 사람들에게 발견되고 싶지 않다고요. 그냥 저를 안으로 들여보내 주세요. 제발요.'

나의 구구절절한 걱정이 무색하게도 그는 갑자기 객실 밖 복도에 있던 문을 쑥 열었다.

'아? 여기에도 문이 있었구나?'

아아, 살았다. 나는 그에게 몇 번이고 감사의 인사를 전했고, 엘리베이터를 타고 유유자적 다시 스파로 내려왔다. 그리고 가슴을 쓸어내렸다.

"아까 나한테 어떤 일이 일어난 줄 알아? 밖에 갇혔다고. 비키니 차림으로! 객실에 있다가 눈 마주친 손님이 나를 구해줬어. 말이 되니?"

이 정도의 에피소드로 끝이 나 매우 다행이었다. 그가 나를 구출해주지 않았으면, 얼마나 더 쪽팔린 상황이 연출되었을지 생각만 해도 부끄럽다.

1 스무 살의 첫술

2 저도 쿠키몬스터 제일 좋아해요

3 대가족 맞춤 코끼리 케어

4 영어듣기와 자전거와 수영

7장

가지가지 삽질하는 여행자

스무 살의 첫술

누구에게나 '처음'은 있고, 언제나 '첫'이 들어가는 글자는 설렌다. 첫눈, 첫사랑, 첫 월급 등. 그중에서도 또렷하게 '처음'이라는 감각이 느껴지는 한 단어가 있는데, 내게는 그것이 '첫술'이다. 누구나 흔히 가지고 있을 '어릴 적 아버지에게 받았던 첫 술잔'과 같은 그런 진부한 이야기가 아니다. 우리 집에는 안타깝게도(?) 애주가가 단 한 명도 없었고, 그래서인지 나 또한 술에 대한 별다른, 사실상 단 한 톨의 호기심도 없이 무난하고 성실한 10대 시절을 보냈다. 나는 말 그대로 20살이 되던 해에 첫술을 마시게 되었다. 처음엔 법적으로 술을 마실 수 있는 연령이 되니 슬그머니 그 술이란 것의 맛이 궁금해지긴 했는데, 애써 기회를 만들어 마셔보고 싶을 만큼의 호기심은 없었던 것 같다. 그렇게 성년이 된 첫 1월이 지나갔다. 그러다 갑자기 지금 당장 술을 마셔야겠다는 열정이 피어났다. 왜냐고? 그 장소가 바로 국내가 아닌 해외였기 때문이다. 여행지의 환상을 꿈꿔오던 고교생에게 '해외에서 술 마셔보기'라는 사소한 버킷리스트는 인생의 첫술을 마셔보는 것 자체보다 흥분되는 로망이었다. 그저 '나, 해외에서 술 마셔본 어른이야!'를 연출해보고 싶었는지도 모르겠다.

"우리 수능 끝나면 꼭 싱가포르로 여행 가자!"

"그래, 꼭 가자! 진짜로 꼭 가자!"

고등학교 1학년 때 여행에 대한 열망이 들끓던 한 친구를 만나게 되었다. 그리고 정신을 차려보니 이미 우리는 수능이 끝나면 싱가포르에 가자는 약속을 하고 난 후였다. 왜 싱가포르였는지는 정확히 기억나지 않는다. 그저 내가 싱가포르 특유의 분위기에 일찍이 빠졌고 열대의 대도시인데 깔끔하기까지 하다니 솔직히 빠질 만했다, 내가 친구에게 싱가포르의 좋은 점을 서서히 세뇌했음이 분명했다. 그리고 훗날, 수능을 치고 싱가포르로 가자던 약속은 놀랍게도 현실에서 지켜졌다.

스무 살 고등학교 졸업을 앞둔 며칠 전, 우리는 싱가포르의 보타닉 가든을 거닐고 있었다.

"두 분은 친구예요? 몇 살이에요?"

"이제 스무 살이요. 곧 대학 들어가요."

"어머, 집에서 친구끼리 해외여행을 보내주던가요? 저 같으면 걱정 돼서 스무 살 되자마자는 못 보낼 것 같은데."

"패키지인데 뭐 어때요. 그리고 3년 전부터 수능 끝나면 싱가포르 갈 거라고 노래를 불러놔서 괜찮아요."

그렇다. 싱가포르에 가자던 이야기가 나온 지 3년 뒤 우리는 패키지여행으로 싱가포르에 왔다. 청소년 딱지를 떼자마자 당장 자유여행을 떠나기엔 아직 겁이 났던 모양이다. 그렇지만 자유여행의 로망을 모조리 포기하기엔 눈물이 날 노릇이었는데, 마침 '반패키지' 여행 상품이라는 기가 막힌 상품을 발견한 것이다. 일정 중 하루에 자유 일정이 들어가 있는 상품이었다. 게다가 보통의 패키지여행처럼 사실상 고립 지역이나 다름없는 도심 외곽의 호텔을 배정해준 것도 아니라, 일정이 끝난 후 저녁 시간까지 알차게 자유여행으로 보낼 수 있는 귀한 상품이었다. 우리에게 딱 맞았다.

"오늘 밤에 술 마실래?"

저녁이 되자 유혹의 속삭임이 들려왔다.

"나 아직 술 한 번도 안 마셔봤는데?"

"그러니까 지금 여기서 마셔봐야지! 무려 싱가포르에서 첫술을 하는 거잖아!"

귀가 솔깃 열렸다. 그래, 성인이 되어 언젠간 마시게 될 술. 싱가포르에서 인생의 첫술을 마신다면 너무나도 멋진 경험이 될 것이 아닌가! 유혹에 넘어간 나는 적극적으로 의사를 표현했다. 아주 좋다고.

일정을 마치고 돌아오는 길에 호텔 근처의 슈퍼마켓에 들렀다. 살

짝은 어색한 발걸음으로 주류 코너에 들어섰다. 어른이 되는 첫 의식 같았다.

'와, 나 주류 코너에서 술도 살 수 있는 어른이 되었어!'

하지만 문제가 있었다. 몸만 어른이 되었으면 무얼 하나, 술에 대해 아는 바가 전혀 없으니 대체 무슨 술을 사야 할지도 모르겠는 것이다. 술 종류는 어찌나 많은지, 차라리 수학 문제 풀기가 더 쉬울 것 같았다. 내가 술이 셀지 약할지, 어떤 술을 좋아할지도 전혀 모르겠고, 초심자에게 좋은 술은 무엇인지, 알코올 도수는 얼마 정도가 적당한지마저 전혀 아는 바가 없었다. 게다가 한국도 아니고 이곳은 외국. 온통 처음 보는 술에 영어로만 덕지덕지 적힌 진열대 앞에서 깊은 고민에 빠졌다.

"뭐 마시고 싶어?"

친구가 물어보았지만, 대답할 수가 없었다.

"나 진짜 하나도 모르겠는데…. 골라주면 안 될까?"

"으음, 나도 잘 모르는데."

이 친구는 인생의 첫술은 아니었다지만, 얘도 갓 스물이 된 입장에서 뭘 제대로 알 리가 없었다. 둘이서 골똘히 상품을 고르기 시작했다. 가장 쉬워 보이는 술을 찾으러.

"이런 거 어때? 일단 과일 맛이 나는 거니까, 마시기 쉽지 않을까? 알코올 도수도 낮은 것 같고."

친구가 과일 음료수와 별반 다르지 않아 보이는 병을 집었다. 알코올 도수는 고작 4.8%. 하나는 연두색의 라임 음료, 하나는 주황빛의 오렌지 음료를 골랐다. 술은 하나도 몰랐지만, 딱 보기에도 맛없기가 힘들게 생겼다. 과일주의 비주얼은 동남아 휴양지 분위기마저 물씬 풍기니 나름대로 완벽한 '첫술'을 선택한 것만 같았다. 여권을 들이밀어 내가 법적으로 주류를 살 수 있는 나이임을 증명했다. 지금이야 간혹 '민증 검사하겠습니다' 소리를 들으면 입꼬리가 히죽 올라가지만, 이때만 해도 '크으, 내가 술을 살 수 있다니! 내가 어른이라니!' 감동모드였다.

인생 처음으로 스스로 산 술을 가지고 신나게 호텔로 돌아왔다.
"야, 빨리 마셔보자! 컵 가져와!"
우리는 호텔 객실에 비치되어있는 유리컵을 가져와, 객실 테이블에 신나면서도 경건한 마음으로 앉았다. 무려, 첫술이었다! 그것도 싱가포르에서! 해외에서, 그것도 열대의 남국에서 과일주 마셔보기의 버킷리스트가 실현되는 순간이었다.
"잠깐만, 이거 어떻게 열어?"
"어?"
여기서 우리는 뭔가 이상하다는 점을 알아차렸다.
"병따개가 없잖아?"
아…. 하나만 생각할 줄 알고 둘은 생각 못 한다고, 최적의 술을 고르겠다며 과일주는 골라올 줄 알아도 병따개 생각은 전혀 못 했다. 뭐든 처음 해보는 것은 어설프기 짝이 없다더니, 이게 이렇게까지 적용될 줄이야. 우리는 우왕좌왕 머리를 쓰기 시작했다.

"호텔 프런트에 물어볼까? 병따개 있냐고? 식당에라도 있지 않을까?"

호텔 프런트까지 친히 내려가서 물어본 결과, 병따개가 없다는 답변을 받았다. 우리는 터덜터덜 다시 객실로 돌아오는 수밖에 없었다.

"슈퍼마켓에 병따개 팔지 않을까?"

"이거 하나 먹겠다고 우리가 병따개까지 사야 해?"

"아니면 술을 새로 살까."

"흐음, 돈을 또 쓰는 것도 그런데. 이게 제일 맛있어 보이기도 했고."

지금이었다면 그냥 깔끔하게 포기하고 캐리어에 넣어가거나, 맥주나 한 캔 더 사왔을 것이다. 하지만 이때는 돈 쓰는 것도 훨씬 조심스럽던 나이, 고민하며 우왕좌왕하는 사이에 시간을 체크해보니 슈퍼마켓은 이미 문 닫을 시간이 되었더랬다.

"어떡하지?"

눈물겨운 고민을 하며, '병따개 없이 병 따는 법' 따위를 열심히 검색해봤다. 다행스럽게도 스마트폰이나마 갓 도입된 시대였다.

"숟가락으로 힘주면 열린다는데?"

"엥? 그게 가능해?"

"된대."

글을 자세히 읽어보니 된단다.

"그런데 숟가락도 없잖아. 다시 프런트에 내려가야 하나?"

"잠시만."

친구가 갑자기 벌떡 일어나더니, 커피포트 옆에 있던 티스푼 두 개를 가져왔다. 동공 두 개가 천천히 흔들렸다.

"진심이야? 이거로 하겠다고?"

"응. 별 수 없잖아. 뭐라도 해봐야지."

이럴 수가. 그렇게 결국 각각 티스푼을 하나씩 들고 병뚜껑을 열기 위한 장시간의 혈투가 시작되었다. 이게 뭐라고! 해외에서 술 마셔보겠다는 로망이 대체 뭐라고 이렇게까지 해야만 했던 것인가! 약간 자괴감이 오기 시작했지만, 숟가락을 지렛대로 이용해 최대한 힘을 주니 아주 조금씩 병뚜껑이 열리고 있는 것 같긴 했다. 아주, 정말, 조금씩. 갓 스물이 된 비실비실한 여학생 둘이서 고작 티스푼 따위로 병뚜껑을 연다는 것이 정말 쉬운 일은 아니었다.

"조금 열리는 것 같긴 한데, 이래서 어느 세월에 따?"

술 한번 마셔보겠다고 숟가락으로 뚜껑이나 따고 있다니…. 호텔에서 예쁘게 차려입고! 어? 숟가락으로 뚜껑이나 따고 있다니!

"야, 내 숟가락 휘었어!"

"아, 웃겨. 어어? 그러고 보니 내 숟가락도 휘었잖아?"

양심고백 하자면, 호텔의 소중한 기물을 조금 파손하고 온 것 같다. 어느 정도 스푼을 원상태로 돌려놓는다고 애쓰긴 했지만, 100% 똑같이 돌아온 것 같진 않다. 마지막 젖 먹던 힘까지 짜내며 30분 넘게 숟가락에 힘을 주고 있으니 팔이 무척이나 저렸다. 그리고 뚜껑이 조금씩 열리기 시작했다!

"내 꺼 열리기 시작했어!!!"

"헉, 정말?"

"응! 곧 열릴 것 같은, 앗!"

병뚜껑을 열기 위한 '혈투'라 함은 비유가 아니었다. 숟가락이 엇나가며 날카로운 병뚜껑에 손을 크게 찍혔다. 피가 줄줄 흐르기 시작했다.

"피 나는데?"

"아, 미치겠네."

이 상황이 어찌나 우습던지 피를 보고서도 서로 배꼽 빠지게 웃기 시작했다. 손에 연고를 바르고 캐릭터 모양의 밴드를 붙이고서 다시 힘을 줬다. 그러더니 얼마 안 가서 친구 또한 똑같은 짓을 저지르고 말았다.

"나도 피가 난다, 친구야."

"아, 웃겨 죽겠어. 뭐 하는 짓이냐, 우리."

또다시 응급처치 후 십 여분이 지난 후, 우리는 병뚜껑 두 개를 따내는 데 겨우 성공했다. 인류의 뜨거운 의지여…. 해냈다. 우리가 해냈단 말이다!

눈물겨운 술을 유리잔에 따랐다. 영롱하게 반짝이는 색깔들아, 만나서 반갑다. 코끝으로 들어오는 과일 향이 알코올과 섞여 묘한 향이 돌았다. 후들후들 떨리는 손으로 건배했다. 인생의 첫 건배였다. 혈투 끝에 얻어낸 술을 입안에 머금었다. 인생 첫술이었다.

"처음 술을 마셔본 소감이 어때?"

친구가 초롱초롱한 눈빛으로 물었다.

"어, 음. 솔직히 그냥 과일 맛 음료수를 마시는 게 더 나을 것 같아. 이걸 굳이 왜 마시는지는 모르겠네. 처음이라서 그런가 봐."

그렇다. 안타깝게도 그렇게 힘들게 마신 첫술은 별로 입맛에 맞지 않았던 것이다. 지금 똑같은 걸 마시면 다른 생각일 수도 있겠지만, 어쨌든 그땐 그랬다. 알코올 맛이라는 것을 처음 봤으니. 하지만 그다지 후회는 없다. 예나 지금이나 술은 술맛보다 분위기를 마시는 데 더 큰 가치가 있으니까. 싱가포르 호텔에서 인생의 첫술이라니, 낭만적이지 아니한가! 물론 그 과정은 하나도 낭만적이지 않았지만.

세월이 조금 흘러 20대의 끝자락에 선 지금은 술맛을 잘 알아버렸다. 맥주가 무척이나 맛이 없다며 술게임 벌칙으로 오히려 소주를 택하던 스무 살의 나는, 세월이 흘러 집에서도 혼자 캔맥주를 까서 먹는 어른이 되어버렸다. 세월을 잇는 술의 역사는 여행과 여행 사이에서 이루어졌다. 맛없기가 힘든 과일주 하나조차 맛이 없었던 나는 일본에 가서야 혼자 술이 당기는 기묘한 경험을 했고, 유럽을 돌아다닐 때가 돼서는 거의 매일 밤 맥주를 달고 살았다. 와인의 맛을 알아버린 것도, 맛좋은 소주의 맛을 알아버린 것도 여행길에서였다. 해외에서 이것저것 마셔보고나서야 웃기게도 결국은 나의 소울 알코올이 막걸리라는 것도 알게 됐다. '어른인 척' 하고 싶던 내가 진짜 어른이 되어가는 걸까. 글을 쓰는 지금도 맥주가 당기기 시작했다. 아, 야밤인데 어떡하지. 한 캔 딸까 말까?

저도 쿠키몬스터
제일 좋아해요

현금 봉투를 들여다보았다. 언제 이렇게 돈을 많이 썼지? 일본에서 교환학생으로 있는 동안 나는 내 생애 가장 많은 돈을 받고 있었다. 집에서는 한국에 있을 때처럼 일정 금액의 용돈을 보내주었고, 일본 정부에서는 고액의 장학금을 매달 주고 있었다. 일본 정부가 준 장학금의 절반은 똑 떼어 집세로 지불하고, 나머지 절반은 내 용돈으로 채워 썼다. 그 어느 때보다 풍부한 자금력을 자랑하고 있었는데, 왜 이렇게 돈이 모자란 거지? 돈이 모자란 이유는, 뻔하다. 받은 것만큼 많이 썼으니까 돈이 없겠죠…. 그도 그럴 것이 당시의 나는 소비생활 또한 인생 최고의 소비력을 발휘하고 있었다. 일본에 머무는 1년여 동안 하고 싶은 게 이만저만이 아니었기 때문이다. 살 거도 다 사야 해, 놀 것도 다 놀아야 해, 여행도 가고 싶은 데는 다 가야 하고, 콘서트도 보고 싶은 건 다 봐야 했다. 결론을 냈다. 지금이라도 아르바이트를 해야 한다!

일본은 아르바이트 인력이 부족한 곳이 많기 때문에, 일본어를 영 못하지만 않는다면 외국인이어도 쉽게 알바생으로 받아주는 편이다. 그래서 이미 많은 교환학생이 편의점, 맥도날드, 돈키호테 없는 것 빼고 다 판다는 정신없는 콘셉트의 잡화점 같은 곳에서 아르바이트하고 있었다. 역내에 비치된 아르바이트 모집 간행물을 뒤져보았는데도 마땅히 하고 싶은 일을 찾지 못하자, 나는 여기서 또 이상한 심리가 발생했다. 남들 다 하는 거 말고 특이한 것을 해보고 싶다는 심리가…. 홈페이지에 들어가서 아르바이트 모집 신청을 했다. 어디에 했냐고? 모두가 아는 바로 그곳, 바로 오사카 '유니버설 스튜디오 재팬 이하 USJ'에 신청했다.

설명회 날짜를 고르니 이날 설명회와 면접이 동시 진행된단다. 설명회를 들은 날에 면접이라니? 일단 오라니까 갔다. 입장하자마자 개개인의 사진부터 촬영했다. 오잉? 벌써부터 개인정보를 가져가는 것을 보니, 신청만 하면 바로 알바생으로서 합격한 것인지? 뭔지 모르겠으니 일단 사진을 찍고 기다려보기로 했다. 그랬더니 USJ에 있는 온갖 업무에 관한 설명이 바로 이어졌다. 그러더니 지원서를 나누어줬고, 여기에 개인정보와 지원 분야를 적어내면 바로 담당자의 1:1 면접이 이어지는 순서였다.

"소 상은 한국에서 오셨군요. 하고 싶은 분야가 따로 있으세요?"

"음…. 한국어를 할 줄 아니까, 한국어가 필요한 곳에서 일하고 싶어요."

당연한 소리지만 이곳에서만큼은 한국어가 나의 특기! 특기를 발휘할 수 있는 곳에서 일하면 자존감이 올라갈 것 같았다.

"그럼 MD 머천다이저 부 중에 일할 만한 곳이 있는데, 저쪽에서 면접 한번 보시겠어요?"

"넵!"

MD부에서 일하라는 것은 쉽게 말하면 놀이공원 굿즈를 판매하는 기념품샵에서 일하는 것이다. 새로운 MD부 담당자와의 면접이 시작되었고, 별 이야기도 하지 않았음에도 바로 담당 가게가 확정되었다.

"교육을 2~3회 들은 뒤, 다음다음 주부터 우리 가게에서 일하시면 됩니다!"

"어…. 네, 알겠습니다."

프리패스였다. 뭐지? 이 유명 놀이공원이 이렇게 쉽게 알바 자리를 구할 수 있는 곳이었던가! 심지어 내가 지원한 시즌은 5월이었고, 내 유학 비자는 10월까지였다. 그리고 나는 학기가 끝나고 8월에 한국에 돌아갈지 10월까지 버텨볼지 고민하는 중이었다. 결국 10월까지 일본에 머물기는 했지만, 어쨌거나 8월에 돌아갈 수도 있는 상황이었다. 기껏 교육해놓은 알바생이 몇 달 안에 관둘 예정인 것은 고용자의 입장에선 달갑지 않은 사실일 테다. 그런데도 이렇게 쉽게 합격시켜 준다고? 일손이 많이 모자라는구나, 여기….

"안녕하세요. 머리 조금만 검게 염색해주시겠어요?"

"어머나, 손님. 노랗게 물들이신 지 얼마 안 되신 것 같은데…."

"네, 2주밖에 안 됐어요. 그런데 알바하려고 하니까 놀이공원에서 꼰대같이 지금 머리는 너무 밝대요."

눈물을 머금고 노란 머리와 작별했다. 놀이공원에는 온갖 연령층의 손님이 오기 때문에, 보수적인 손님의 눈높이에 맞춰야 한다나 뭐라나. 제일 보수적인 건 너네 회사 같은데…. 돈을 벌려고 시작하는 일에 돈이 너무 많이 들었다. 옷은 빌려줬지만, 신발은 또 여기서 사란다. 양말도 검은 양말로 꼭 사서 신으란다. 한 달이 지나 첫 월급이 들어오기 전까지는 교통비도 무지막지하게 들었다. 일본은 교통비가 비싼 탓에 알바처에서 교통비를 정산해주지만, 한 달이 지나 몰아 받다 보니까 초반 교통비 부담이 어마어마했다. 나의 경우엔 집에서 USJ까지 왕복 800엔이 들었는데, 며칠만 아르바이트를 다녀도 돈을 벌러 가는 것이 아닌 쓰러 다니는 기분이었다. 밥도 유료다. 시급은 편의점 급으로 주면서…. 부들부들…. 당시에 한국의 최저임금이 너무나도 낮았기에, 그나마 한국보다는 훨씬 많이 받는다는 것만을 위안으로 삼고 있었다.

놀이공원에서 아르바이트한다는 것은 만만한 일이 아니었다.

"자, 여러분. 오늘은 놀이공원 메인로드에서 손님들에게 말을 건네

보는 연습을 할 거예요. 아시겠죠?"

"네…?"

불특정 개인에게 말을 거는 연습이라니…. 저기요, 선생님. 그건 제가 할 수 있는 일이 아닌 것 같습니다만. 울고 싶었지만 연습에 끌려갔다.

"곤니치와~ 하하~"

손을 흔들며 해맑은 목소리로 지나가는 사람에게 말을 걸어야 한다니! 너무나도 어색했다. 쥐구멍에라도 숨고 싶었다.

며칠의 교육 끝에 나는 무사히 배정된 가게에 들어갔다. 그리고 나는 머지않아 완벽한 오버액션 연기 천재로 거듭났다.

"곤니치와~~ 어머, 손님. 들고 계신 가방이 너무 예쁘네요~"

"곤니치와~~ 어머, 손님. 착용하고 계신 캐릭터 머리띠가 너무 잘 어울리세요~"

"곤니치와~~ 어머, 손님. 아기가 너무 귀엽네요. 몇 살이에요? 아, 두 살! 아이고~ 귀여워."

"곤니치와~~ 어머, 손님. 이번 달에 생일이시군요! 생일 축하드립니다~ 혹시 스누피 좋아하세요? 좋아하신다고요? 그렇다면! 스누피 캐릭터 스티커를 선물로 드리겠습니다~ 와~~"

왜 이렇게까지 오버하냐고? 나도 이렇게까지 해야 할 줄 몰랐다. 그냥 계산만 하면 되는 줄 알았지!

USJ는 놀이공원이라는 특성상 계산대에 온 모든 손님에게 스몰

토크를 한마디씩 해야 하는 게 철칙이다. 하다못해 정 칭찬할 거리를 못 찾으면 날씨 이야기라도 꺼내야 했다. 그냥 계산만 해주고 돌려보내면 매니저에게 한 소리를 듣는다. 게다가 가끔 손님인 척 위장한 시크릿 쇼퍼가 와서 가게마다 점수를 매기기 때문에, 울며 겨자 먹기로 완벽한 서비스 정신을 장착할 수밖에 없었다. '손님을 기쁘게 해드려야 한다!' 모드의 서비스 문화에 녹아들어 가려면, 먼저 참된 나 자신을 버리고 연출된 나 자신을 연기해야 했다. 방긋방긋 웃음은 기본. 나라고 처음부터 이걸 잘한 것은 아니었다. 전혀 내 취향이 아닌 액세서리를 착용한 손님을 보고 액세서리 예쁘다고 호들갑을 떨어야 하고, 하나도 안 귀엽게 생긴 아기를 보고도 귀엽다고 호들갑을 떨어야 한다니….

　하루는 매니저가 나를 불렀다.
　"소 상은 일도 열심히 하고 미소가 참 아름답네요~ 칭찬 스티커를 드리겠습니다."
　"네? 미소가 아름답다고요…?"
　난생처음 들어보는 칭찬에 매우 당혹스러웠다.
　"네. 손님 대응하실 때 매번 활짝 웃고 계시잖아요."
　그랬던가…? 기억을 되짚어보니 항상 웃고 있었던 것 같기는 했다. 그런데 손님을 기쁘게 하겠다는 의욕이 대단하다거나, 성격이 해맑아서 웃고 있던 건 아니다. 매번 연기하고 있는 나 자신이 웃겨서 웃을 수밖에 없었던 상황이 그렇게 보였던 것 같다. 다행이었다. 웃겨서 웃는 건데 티가 안 나나 보다. 행복해서 웃는 것으로 보였다면 그것으로 되었다. 살다 살다 미소가 아름답다는 이야기도 들어보고.

　나의 연기는 점점 도가 트였다. 일종의 상습적 거짓말을 하는 셈이었는데, 이 거짓 행동의 힘이 얼마나 대단한 것인지 스스로를 실험해볼 수 있었다. 즐거운 척하고 있다 보면 진짜로 즐거워진다. 그런 스스로가 웃겨서라도 즐거워진다.

　USJ에는 정말 수많은 캐릭터가 있다. 나는 캐릭터에 전혀 관심이 없었기 때문에, 이 수많은 캐릭터의 이름을 외우는 것부터 고통스러운 과정이었다.

"저기요."

"네?"

하루는 손님이 진열대를 정리하던 나를 불러 세웠다.

"쿠키몬스터 볼펜은 어디에 있나요?"

"쿠키몬스터요…? 그 세서미 스트리트 파란 애 말씀하시는 거죠?"

"예?"

손님보다 캐릭터 이름을 더 모르는 알바생이라니…. 심지어 일본인들이라면 당연히 아는 캐릭터 이름을 내가 모르는 경우도 부지기수였다. 엉엉. 언제 다 외워! 하지만 나는 의지의 한국인! 기어이 다 외우는 데 성공했다.

"손님, 쿠키몬스터만 잔뜩 사셨네요~ 쿠키몬스터 좋아하시나 봐요~?"

"어머, 네! 제가 쿠키몬스터를 제일 좋아해요. 귀엽잖아요. 호호. 다 늙어서 주책이죠."

"아니에요~ 저도 쿠키몬스터 제일 좋아해요~ 귀엽잖아요!"

캐릭터 이름을 외운 뒤로는 이렇게 맞장구를 쳐준다. 물론 쿠키몬스터를 제일 좋아한다는 말은 뻥이다. 물론 엘모 세서미 스트리트의 빨간 녀석 만 잔뜩 사 온 손님을 보면 엘모를 가장 좋아한다고 뻥친다. 우스운 사실은, 손님의 취향대로 온갖 캐릭터를 다 귀엽다고 호들갑을 떨어주다 보면 그 캐릭터에 진짜로 정이 붙는다는 사실이다. 결국 퇴사할 때는 세서미 스트리트 캐릭터 인형들을 죄다 사서 나왔다…. 이제는 진짜 내 눈에 그 캐릭터들이 다 귀엽게 보인다.

대가족 맞춤
코끼리 케어

몇 년 전, 명절에 있었던 이야기다. 어느 다른 명절과 마찬가지로 친척들과 엄마네 고향 집에 모였다. 마침 형부의 본가에 가 있던 사촌언니에게서 전화가 왔다.

"저번에 말한 건 좀 생각해봤어?"

사촌언니가 말을 꺼냈다. 저번에 말한 것이란 오사카 여행을 의미했다. 사촌언니는 열 살이 된 첫 아이에게 첫 해외여행을 선물하고 싶었고, 이왕이면 놀이공원도 있는 오사카로 여행 가고 싶어 했다. 그리고 또 이왕이면 자유여행을 하고 싶었고, 자유여행을 한다면 '오사카에서 살아본 애를 데려가서 가이드로 쓰자!'라는 결론이 난 것이다.

"아이고, 여행 자금만 대 주시면 얼마든지 가이드는 가능합죠."

합리적인 딜을 하며 뿌듯함에 젖어있었다.

"혹시 다른 사람들한테도 한번 물어볼래? 같이 갈 사람 있는지."

"알겠어. 한번 물어는 볼게."

사실 별다른 기대는 하지 않았다. 물어본다고 애들끼리 가는 여행에 붙을 사람이 얼마나 될지.

"겨울에 언니랑 은채랑 같이 오사카 놀러 가려고 하는데, 같이 가실 분 있나요?"

전 가족이 모여 앉아 있던 거실에서 말을 꺼내자, 하나둘씩 답변을 하기 시작했다.

"나, 갈래."

작은이모가 대답했다.

"네? 이모 가신다고요? 겨울에 안 바쁘세요?"

"나도 갈래."

큰이모가 대답했다.

"네? 이모도 가신다고요?"

갑작스러운 열띤 반응에 깜짝 놀랐다. 여태까지 여행을 못 가본 사람들도 아니고, 더군다나 오사카에 가본 적이 없는 것도 아니었다.

"아이고, 우리도 이제 애들도 다 키웠고 언제 한번 다 같이 놀러 가야 하지 않겠습니까?"

작은이모의 말 한마디에 온 거실이 술렁이기 시작했다. 아이들을 다 키워내고 시간적으로나 금전적으로나 어느 정도 여유를 맞이한 이모들은 가족들끼리 언젠가 한 번 해외여행을 가보고 싶으셨단다.

"엄마는 안 가?"

"나는 오사카 갈 거면 안 가. 두 번이나 갔다 왔잖아, 거긴."

엄마가 오사카면 안 간다고 운을 뗄 때자, 옆에서 사촌오빠가 한 소리를 더 거들었다.

"나도 일본만 아니면 갈래."

결국 처음에 사촌언니와 조카랑 셋이 단출하게 떠나기로 했던 여행은 대규모 가족여행으로 판이 커져 버렸다. 게다가 '오사카만 아니면 같이 간다'라는 의견이 속출하는 바람에, 언니와 상의 아래 오사카 여행은 잠시 접어두고 새로운 계획을 짜야만 했다.

"자, 잠깐만요? 우리 그럼 대체 어디로 가야 하는 건데요?"

어쩌다 이 많은 인원이 나의 눈만 똘망똘망 쳐다보게 된 것일까. 부담이 늘어났다. 인원이 많으면 많을수록 모두에게 만족할 만한 여행지를 찾는 것은 점점 어려워진다. 누군가가 총대를 메게 되면 여행 중의 크고 작은 불만이 총대에게 쏟아지기 마련이다. 지금의 상황을 봐서는 그 누군가가 내가 될 것 같은 분위기였다. 으음, 만약 불만이 터지더라도 내 탓이 아니라 가이드 탓으로 돌릴 수 있으면 어떨까? 자유여행을 포기하자! 그렇다. 이것은 다 가족의 평화를 위해서다.

"베트남 가실래요?"

"다낭 이런 곳? 난 휴양지는 싫어."

"나도 휴양지는 싫어."

이모들 취향은 하나 같이 휴양지는 싫어하는 학구파였다.

"다낭 말고 하롱베이에서 다 같이 크루즈나 타면 어때요? 세계자연유산이고."

"하롱베이면 갈래."

"그런데 사실대로 말해도 돼? 나 다음 달에 친구들이랑 하롱베이 간다."

큰이모가 히죽 웃으면서 말했다. 아아…. 겨우 정하나 했더니, 여행지 정하기가 이렇게까지 힘들단 말인가!

"대만은 어때?"

"대만은 난 가봤는데, 두 번 가도 괜찮아. 같이 가는 데 의의가 있으니까."

"안 돼요. 대만처럼 여행 인프라가 좋은 곳을 뭐 하러 패키지여행으로 가요. 그리고 이미 한번 갔다 오셨는데, 그럼 더더욱 패키지로 또 가면 안 되죠."

이번에는 내가 말렸다. 모두에게 의의가 있는 여행지를 고르고 싶다는 프로 의식이 발동했다. 어딘가 있어! 있을 거야! 구글맵을 켜고 머리야 돌아가라 주문을 외웠다. 퍼뜩 마땅한 곳이 눈에 띄었다. 부담스럽지 않게 3박 5일 일정이 가능하고, 적당한 볼거리와 체험거리가 있으며, 모두가 단 한 번도 가보지 않았으며, 이모들과 10살배기 조카 모두가 납득할 만한 곳. 그래, 이곳이다. 내가 점찍은 곳은 태국 제2의 도시 치앙마이였다.

"치앙마이 어때요? 산자락에 있어 시원한 편이고 고유의 역사가 있어서 특유의 건축 양식도 있고요. 코끼리도 볼 수 있어서 은채도 좋아할 것 같아요."

목적지는 결국 삼대 三代 의 각기 다른 취향을 만족시킬 구석이 있는 치앙마이로 합의가 났다. 드디어 목적지 정하기라는 여행계획의 첫 발이자 가장 중요한 미션을 통과한 셈이다.

어쩌다 대가족 여행의 총대를 메게 된 걸까? 언제까지나 막내 손 녀 포지션이었던 내가 어느덧 다 커서 한 사람의 몫을 해내고 있다니, 조금 뭉클했지만 뭉클함에만 빠져있기에는 중대한 미션이었다.

"친척들끼리 여행 갔다가 싸우고 돌아와선 다시 안 보는 경우도 있대~"

"괜히 저렴한 상품 예약했다가 다들 고생만 하고 돌아온다는 말이 있더라~ 특히 어르신들은 체력 감당을 못 해서 죽어난대."

안 돼, 안 돼, 안 돼지. 아무리 불만을 가이드 탓으로 돌릴 수 있다고 해도(?) 이상한 상품을 예약하면 그것은 결국 나의 탓이었다! 내가 상품을 잘못 예약해서 가족들의 와해가 시작된다면? 갑자기 머릿속에서 아침드라마 대서사가 시작되는 듯했지만, 하늘에 계신 할머니께서 슬퍼하실 일이라면 가능성을 원천 차단하는 것이 맞았다. 이왕 여행가는 거, 잘 해보자! 패키지라고 남의 손에만 맡길 수는 없지.

가장 힘들었던 날짜 조율 과정을 마친 나는 여행사에 우리만의 맞춤 패키지여행을 만들어달라고 문의했다. 8명이나 되는 인원이 이미 모였으니, 굳이 모르는 사람과 함께 다니는 기성 패키지여행을 이용할 이유가 없기 때문이다. 그러나 이것도 쉬운 일은 아니었다. 맞춤 패키지여행을 요청했더니 생각보다 따져볼 것이 많았다.

"항공은 어떤 항공을 이용하실래요? 메이저 국적기도 있고, 저가항공도 있어요. 국적기를 이용하시면 시간대는 어쩌고저쩌고, 하지만 가격이 어쩌고저쩌고, 반면 저가항공은 기내식이 어쩌고저쩌고."

혼자 가는 것이었다면 두말 않고 '저가항공으로 할게요. _{돈이 궁하니까요.}'라고 했을 터이지만, 어른들의 입장은 물어봐야 아는 것이었다.

"아휴~ 편하게 가자. 메이저 국적기 끊어."

나는 메이저 국적기를 선택했다.

"버스는 대형버스와 작은 승합차 중에 고를 수 있어요. 대형버스를 이용하게 되면, 비용이 1인당 n만 원 정도 오르게 되는데, 작은 승합차는 도심 곳곳까지 들어갈 수 있고 어쩌고저쩌고."

나는 다시 친척들이 모인 카톡방으로 들어가 질문을 던졌다.

"몸은 편하게 가야지."

나는 대형버스를 선택했다. 그리고 상품 가격은 내가 장담했던 최소 여행비용에서 점점 위로 치솟고 있었다. 이미 예상했던 금액을 크게 웃돌고 있어, 주식 예측에 실패한 주식 권유자 같은 심정이 되고 있었다.

"호텔은 몇성급 기준으로 해드릴까요? 3성급은 어쩌고 4성급 이상은 어쩌고저쩌고."

으악!! 뭐 이렇게 고를 게 많아? 여행사 담당자와 나는 메일로 소통하고 있었고, 새로운 문의나 수정사항이 올 때마다 카톡방으로 들어가 모두의 의견을 기다려야만 했다. 매번 '편해야지'를 고수하던 어른들은 이번만큼은 '숙소는 잠만 잘 수 있으면 돼'를 택했다.

질문도 점점 어려워지고 있었다. A스케줄과 B스케줄 중 무엇이 좋을지 골라야 하거나, 패키지여행의 특성인 쇼핑센터 방문 횟수를 골라야 했고 '노쇼핑'이면 상품 값이 비싸지고, 쇼핑센터 방문 횟수가 늘어날수록 상품 값은 저렴해진다. , 하다못해 공항까지 어떻게 이동하느냐 등등의 문제도 내가 확인해야 했다. 답을 콕 정해주면 좋겠으나, 대부분의 질문에는 '너의 선택을 믿을게'와 같은 과잉배려가 넘치고 있었다. 흑흑, 정해주세요, 제발요. 상사와 클라이언트 사이에서 소통하는 말단 직원의 심정이 이런 기분인 걸까.

"코끼리 트레킹이나 코끼리학교 재롱잔치는 굳이 안 봐도 되겠죠? 대신 우리는 의미 있게 코끼리 케어 프로그램에 참여해보는 게 어때요?"

마지막으로 모두의 동의를 얻어 기존 코끼리 학대 프로그램을 삭제하고 코끼리 케어 프로그램을 넣고 나서야, 드디어 우리 가족만 함께 다닐 수 있는 여행상품이 탄생했다. 가족들의 여권사본까지 모두 수합해 여행사에 넘겼다. 한숨을 돌렸다. 코끼리와 만날 수 있다는 생각을 하면 이 정도 고생 따윈 소박한 삽질이었다.

치앙마이 여행에서 '코끼리'라는 단어를 삭제하긴 어렵다. 그만큼 치앙마이에 있어 코끼리는 태국을 대표하는 영물이자 유명한 관광수단이다. 거대한 몸집으로 잘 훈련된 강아지처럼 묘기를 보여주고 수려한 그림을 그리며 재롱을 피우는 코끼리들. 사람들은 그 모습을 보며 즐거워한다. 그리고 널따란 코끼리 등에 올라타 정글 트레킹을 시작한다. 이것이 치앙마이 여행의 대표 코스로 꼽히는 루트다. 그런데 그 이면에 있는 이야기를 들어본 적 있으신지? 이면에는 코끼리가 사람의 명령을 듣게 하려고 코끼리를 굶긴다거나, 트레킹 조종을 위해 코끼리의 귀 뒤를 날카로운 꼬챙이로 찌른 후 핏물이 든 코끼리를 이끈다는 비화가 숨어있었다. 전 세계의 동물단체나 공정여행을 추구하는 이들에 의해 당장 코끼리 학대를 멈추라는 이야기가 나오기 시작했다. 나는 이 사실을 알고서도 버젓이 코끼리 학대에 동참할 만큼 비정한 사람이 되지는 못했다. 결국 이번 맞춤여행의 최대 의의는 코끼리 학대 프로그램에서 코끼리 케어 프로그램으로의 변신이었다. 나는 동물보호소이자 학대로 다친 코끼리들의 재활 프로젝트를 담당하는 '엘리펀트 네이처 파크'라는 기관을 찾아 수배 요청했다. 코끼리 보호소에 방문하다니! 이것이야말로 기존 패키지여행과 다른 차별점이었다. 의의가 있는 결정이었다.

"안타깝게도, 엘리펀트 네이처 파크는 포기하셔야 할 것 같아요."
네? 아니, 잠깐만요? 네? 하지만 여행이 다가오는 며칠 전, 갑자기 배정된 코끼리가 아파서 병원에 가야 한다는 연락과 함께, 여행 당일 방문이 불가능하다는 연락을 받고 말았다. 이럴 수가. 대신에 '에코 엘리펀트 케어'라는 작은 기관을 소개해주겠단다. 당장 초록색 검색창에 '에코 엘리펀트 케어'를 검색했다. 아니, 이곳은 미지의 세계였다! 어디서 이런 곳을 수배해왔는지는 지금도 모르겠지만, 일단 서치를 해봐도 한국어 후기를 찾을 수가 없었다. 지금 서치하면 내가 쓴 후기만 하나 나온다. 하지만 어떡하리. 가라는 대로 가야지. 제발 괜찮은 프로그램이기를, 기존에 예약한 코끼리 재활센터에 가지 못하는 것도 슬펐지만 무엇보다 시원찮은 곳에 갔다간 총대로서 눈치가 보일 것 같았다. 기대 반 걱정 반으로 '에코 엘리펀트 케어'로 향했다.

재활 치료를 받는 코끼리들이 도심 한가운데 있을 리가 만무하므로, 보통 코끼리 프로그램을 위해서는 시골 어딘가로 차를 타고 달려가 썽태우 트럭을 개조한 미니버스 로 갈아타고 코끼리가 있는 곳으로 간다. 그렇지만 내 눈앞에 있는 이것은 뭐지? 이것은 썽태우조차 아니었다. 이런 교통수단은 또 처음이다. 우리를 기다리고 있던 트럭은 더욱더 놀라운 비주얼이었는데, 낡은 트럭 위에 자연 그대로의 통나무를 의자 삼아 덧댄 것이 아닌가. 즉, 기댈 곳도 없고 엉덩이도 평평하지 못한 곳에 의지해 가야 한단 얘기다. 코끼리 보호소에서 일하는 꼬마 직원이 프로 의식을 가지고 우리를 안내했다. 기껏해야 8살쯤 되어 보이는데, 손님을 능숙하게 태우고 자신만 믿으라는 제스처를 취했다.

먼지 이는 길을 덜컹덜컹 달려 나갔다. 30분 가까이 이 트럭을 타고 가야 할 줄은 몰랐는데. 비포장도로를 달릴 때마다 엉덩이가 통나무 위에서 튀어 올랐다.

"으악! 아파! 내 엉덩이!"

모두의 비명이 이따금 들리며, 오랜 고통 속에서 마침내 코끼리 보호센터에 도착했다.

"그런데 코끼리가 안 보이는데요?"

"여기서는 코끼리 센터 전용 복장으로 갈아입으셔야 하고요. 옷 갈아입으시고 나서 다시 코끼리 있는 곳으로 이동할 거예요."

"또 저거 타고 이동해야 한다고요?"

약간 울고 싶은 심정이었지만, 잠시나마 통나무에서 벗어날 수 있어 엉덩이에 숨통이 트였다. 온 가족이 새파란 수련복을 입으니 다 함께 수련원이라도 들어가는 기분이었다. 그리고 다시 통나무 트럭에 올랐다. 머지않아 우리는 드디어 코끼리와 인사할 수 있었다.

"코끼리다! 코끼리! 저기 코끼리가 있어!"

코끼리들이 한적하게 풀을 뜯어 먹고 있었다. 거대한 자태가 오물오물 꼼지락거리는 게 너무나 귀여웠다. 나는 대다수의 포유류를 끔찍하게 귀여워하는 습성을 가지고 있다. 저 멀리 보이는 코끼리와 기념사진을 한 장 찍고, 보호센터 직원들과 사탕수수밭에 들어갔다. 코끼리가 하루에 먹어 치우는 식사 양이 어마어마하기에 케어 프로그램 참여자들이 열심히 사탕수수를 캐서 코끼리에게 가져다 바치는 식이다.

"낫으로 이렇게 쳐서 사탕수수를 캐 가시면 되어요."

직원이 사탕수수를 한번 후려치자 사람 키만 한 사탕수수가 부스럭 쓰러졌다. 온 가족이 신이 나서 사탕수수를 캐는 걸 보니, 애나 어른이나 시켜보면 체험은 다 좋아하는 것 같다.

"네가 하는 건 영 어설퍼서 못 봐주겠다. 어떻게 열 살짜리 애보다 못하냐."

나는 사탕수수 캐는 실력이 영 시원찮다는 이유로 낫을 빼앗기고 사진사로 전락했다.

열심히 캔 사탕수수를 들쳐 메고 다시 코끼리가 있는 곳으로 돌아오자, 코끼리들이 제 먹이가 오는 줄은 기가 막히게 알아차리고 사람 근처로 오기 시작했다. 착하게도 선을 지킬 줄 알아, 먼저 들이대진 않는다. 사탕수수 줄기를 다듬기 시작했다.

"너는 어째 칼질도 시원치 않냐."

사탕수수 다듬는 칼질 또한 조롱당하고 조카에게 칼을 뺏겼다.

사탕수수를 다듬는 동안 코끼리들은 인내의 시간을 보냈다. 마침내 코끼리의 식사 시간이 왔다. 차례차례 천천히 사탕수수를 건넸다.

"코끼리 아저씨는 코가 손이래~ 과자를 주면은 코로 받지요~"

어릴 적 불렀던 노래가 흥얼흥얼 튀어나왔다. 진짜 코로 받잖아! 너무너무 신기해!!! 사탕수수 줄기를 건네면 코끼리가 손을, 아니 코를 쑥 내밀어 내 손에 있던 사탕수수를 받아 간다. 그리고 제 입으로 쑤욱 집어넣는다.

"지금부터는 코끼리 영양밥을 다 같이 만들 거예요."

쌀밥에 바나나 등을 섞어 뻥 안 섞고 밥버거만 한 크기로 주먹밥을 만들었다. 그리고 코끼리에게 건네주니 역시 한 코로 가져가 한입에 쏘옥 넣어버린다.

식후엔 코끼리에게 물을 주기로 했다. 어떻게 주냐고? 고무호스에 물을 틀어 그냥 코끼리 코 안으로 물을 주면 된다. 코끼리 아저씨는 소방관이라더니, 어릴 적 동화책 그림에서나 보던 광경을 실제로 보게 될 줄이야.

식사를 마친 코끼리는 목욕 스케줄이 있다. 원래는 다친 코끼리 약 발라주기 시간도 있다던데, 안타깝게도(?) 다친 코끼리가 없단다. 그래서 약을 발라줄 수는 없었다. 약 발라주는 시간은 패스하고, 코끼리의 목욕 스케줄에 동참하기로 했다. 코끼리는 목욕 터로 가기 싫은데 마지못해 가는 듯 귀찮아했다. 확실하지는 않지만, 손님이 올 때마다 매번 목욕을 강요해서 그런 것일 수도 있다. 불쌍한 코끼리…. 보호센터에서도 손님들을 위한 목욕 쇼를 해야 하는 것인가.

"코끼리와 함께 목욕하셔도 괜찮아요. 들어오실 분 있어요?"

"……."

아무도 대답을 하지 않았다. 옷이 물에 젖는 것이 싫다거나, 물이 흙탕물이라 더럽다거나 하는 이유는 부가적인 이유였다. 제일 중요한 것은 코끼리에 있었다. 코끼리가 물속에 들어가자마자 수박만 한 똥을 줄줄이 싸는 것을 발견했기 때문이다. 거대한 똥은 툭 툭 소리를 내며 물속에 들어가 박혔다. 아무리 코끼리 똥이 섬유질 덩어리라지만, 그래도 똥은 똥인데 똥물에 들어가는 것은 조금 용기가 필요한 일이었다. 여기서 누군가 용기를 내 코끼리와 목욕을 했다! 는 이야기를 들려주고 싶지만, 결국 아무도 용기를 내지 못했다고 한다…. 안타깝게도 거대 똥덩어리들을 보고도 흔쾌히 물속으로 들어갈 만큼의 용기 있는 자가 없었다. 대신 코끼리가 물속에서 분수 쇼를 보여주었다. 코로 물을 빨아들여 물을 공중으로 푸우 뱉었다. 외마디 비명과 웃음소리가 까르르 울려 퍼졌다. 음, 코끼리 목욕은 보는 것만으로 만족하기로 했다. 안타깝지만 목욕시키기는 다음 기회에….

"친척들끼리 카톡방이 있다고? 같이 여행도 다녀왔다고?"

"응. 다녀왔지."

"가능해? 카톡방 파토 안 났냐?"

다행히도 남들이 모두 신기하게 여기는 그 카톡방은 여전히 활기차다. 운이 좋게 좋은 가족들 사이에서 자랐다는 생각에 괜스레 찡해졌다. 우리 할머니가 가족 하나는 참 잘 만들었어! 다들 불만 없이 잘 다녀오다니. 시내 맛집을 두고 맛없는 곳만 간다느니 불만이 아예 없는 것은 아니었지만, 그 정도야 내 탓이 아니니 없다고 치겠다.

"코끼리 본 게 제일 재미있었어."

"치앙마이 여행은 코끼리가 다 했지."

평소에는 만들지도 않던 여행 포토북을 만들어 가족들에게 선물했다. 모두 사진을 보며 코끼리 케어 프로그램이 제일 즐거웠다고 한다. 휴, 다행이다. 코끼리가 다 살렸네.

"은채야, 다음에도 태국 가보고 싶어?"

"아니."

"헉. 왜?"

조카에게 냉담한 평가를 받은 나는 심장이 두근거렸다.

"비행기를 너무 오래 타야 해서 지겨웠어. 버스도 너무 많이 타야 해서 힘들었어."

"코끼리 또 안 보고 싶어?"

"코끼리는 또 보고 싶지."

 아무래도 조카에겐 코끼리만이 남은 듯했지만, 첫 해외여행에 힘든 스케줄을 소화해낸 조카에게 감사의 인사를 표한다. 있잖아, 은채야, 할 말이 있는데. 네가 크면 나중에 나 대신 총대 메주라! 이모도 나이 먹으면 편하게 돈만 내고 한번 가보련다.

영어듣기와
자전거와 수영

"영어듣기를 잘하려면 어떻게 해야 하나요?"

학창 시절, 나는 전형적인 한국인 학생이었다. 영어를 글로만 배워서 도저히 귀가 뚫리지 않았던 것이다. 그냥 자연스럽게 들린다는 애들, 영어듣기 시험이 제일 쉽다는 애들은 대체 무엇인가 싶었다. 저렇게 발음을 굴려대는데 저게 들린다고? 영어듣기를 잘하려면 어떻게 해야 하는지에 대한 해답을 꾸준히 찾아보았는데, 영어 마스터들은 대개 이렇게 대답했다.

"영어듣기는 자전거와 같아요. 안 되는 것 같다가도 꾸준히 하다 보면 어느 순간 되거든요. 아무리 페달을 밟아도 굴러가지 않다가, 균형 잡는 법을 익히는 순간 자전거가 굴러가는 것처럼요."

"저 자전거 못 타는데요?"

"음, 그럼 수영은 어때요? 영어듣기는 수영과도 같거든요. 꾸준히 하다 보면 어느 순간 익숙해져서 물길을 가르는 나 자신을 발견하는 거죠."

"……."

전혀 도움이 안 되는 조언이었다. 그렇다. 나는 영어 듣는 귀도 뚫린 적이 없고, 자전거 페달도 밟을 줄 모르며, 수영은커녕 물에 뜰 줄도 모르는 인간이었던 것이다.

세월이 흘러 내가 영어듣기를 왜 못했는지에 대한 답은 어느 정도 풀렸다. 일단은 어순이 완전히 다른 언어를 한국어로 해석하며 배운 공부법이 완전히 실패했기 때문이고 이것은 내 탓이 아니다. 그렇게 가르쳐준 선생님들 탓이다…, 또 하나는 그냥 내가 흘리는 발음을 알아먹는 데 유난히 약한 사람이기 때문이었다. 훗날 내가 한국어도 발음을 흘리면 남들보다 유난히 말을 못 알아먹는다는 것을 깨달았다. 안타깝게도 발음이 안 좋은 친구와는 대화를 오래 이어나갈 수가 없다. 아빠 발음도 종종 못 알아먹어서 엄마한테 통역을 부탁한다. 진짜다. 영어듣기에 대한 답은 어느 정도 풀렸지만, 10년이 지난 지금도 여전히 자전거를 못 타고 수영도 못한다.

"자전거를 못 탄다고?"

"응."

"어떻게 자전거를 못 탈 수가 있지?"

누구나 어릴 적부터 자연스럽게 자전거를 타는 일본인들과 자전거 이야기를 하게 되면 항상 이 패턴이다.

"한국에는 자전거 못 타는 애들도 종종 있어. 경사진 곳이 많고 도로가 좁아서 자전거를 쉽게 탈 만한 환경도 아니고 대중교통도 저렴하니까. 자전거는 이동수단보단 취미의 영역에 조금 더 가까운 것 같아."

어릴 적 나는 유난히 움직이는 것을 싫어했고, 자전거 학습 또한 거부했다. 별로 타고 싶지도 않았고, 굳이 탈 줄 알아야 한다고 생각하지도 않았기 때문이다. 자전거 학습 시기를 놓친 나는 그대로 자전거 못 타는 어른이 되고 말았다.

"친구한테 자전거 알려달라고 부탁해서 한 번 배운 적이 있긴 하거든. 그런데 못 타겠더라. 겁이 너무 많아졌어. 그리고 동네 할아버지가 자꾸 자전거 그렇게 타면 안 된다고 간섭해서 짜증나서 접어버렸어."

자전거를 못 타서 딱히 서러울 일이 없었는데, 이상하게 외국만 나가면 그렇게 서러워진다. 자전거가 보편화된 몇몇 문화권이나, 대중교통은 열악해도 자전거만 대여하면 쉽게 돌아볼 수 있다거나 하는 곳에 방문했을 때 유독 그렇다. 한번은 오키나와의 무료 자전거 렌트 이벤트에 당첨된 적도 있는데, 써보지도 못하고 포기했다. 무섭다, 귀찮다, 요즘은 날씨가 안 좋다 등의 핑계로 여전히 자전거 배우기를 미뤄두고 있지만, 언젠간 여행을 위해서라도 자전거를 배워야겠다고 생각하고 있다. 언제 배울지는 여전히 미지수다. 이미 자전거를

"수영할 줄 모른다고요? 걱정 마요. 나 수영 못한다는 애들 다 수영 가르쳐줬어."

하이난에 함께 갔던 동행인이 리조트의 풀장으로 나를 잡아끌었다. 그는 열과 성을 다해 나에게 호흡법을 가르쳐주었지만, 결국 나를 포기했다.

"호흡 못 해도 수영은 할 수 있어요."

"어떻게요?"

그는 나에게 새로운 수영법을 알려주었다. 수영이라고 하긴 뭣하지만, 수영과 비슷한 기분을 낼 수 있는 방법이었다. 나는 그가 건네준 스노클링 마스크를 꼈다. 호흡과 상관없이 수영을 할 수 있는 셈이다.

"그럼 일단 물에 뜨는 연습부터 합시다. 겁을 먹으면 몸에 힘이 들어가서 가라앉을 수밖에 없어요."

나는 풀장 끝을 잡고 파닥파닥거리며 몸을 띄우는 연습을 했다. 어느 정도 몸이 뜨자 언니는 대뜸 풀장 가운데로 나를 이끌었다. 몸을 띄운다 생각하지 말고 앞으로 나아간다 생각하면 된단다. 여러 번 허우적거리며 가라앉길 반복했다. 가라앉았을 때 착지하는 법까지 터득하고 나니 그렇게까지 겁이 나진 않았다. 그리고 몇 시간 뒤, 나는 내 발로 파닥파닥 수영하는 데 성공했다! 평생 겪어보지 못한 짜릿함이었다. 물론 호흡도 못 하고 폼도 안 나는 야매 수영이었지만,

이게 어디람!

"금방 지쳐서 안 한다고 할 줄 알았는데, 생각보다 물속에서 오래 잘 노네요."

수영은 못해도 물속에서 지치지 않고 오래 놀 수 있는 재능이 있음을 깨달았다. 이후 나는 물놀이 할 수 있는 곳에 갈 때면 스노클링 마스크를 항상 들고 갔고, 이것은 여전히 내가 수영을 즐기는 유일한 방법이다.

밤이 되고 별이 반짝였다. 언니가 물 위에 눕는 법까지 가르쳐주겠다고 했지만, 이날의 학습 할당량이 모두 끝났는지 물에는 뜨지 못했다. 그는 나의 등을 받쳐줄 테니 누워서 별이나 보라고 했다. 시키는 대로 해봤는데 무서워서 별을 본 기억은 없고, 그대로 가라앉아 물 먹은 기억만 있다. 물에 뜨는 스킬은 훗날 몰타에서 만난 친구에게 배웠다. 파도조차 잠잠한 지중해 위에 누워 햇빛을 받는 기분은 그 어떤 수영보다 짜릿했다. 하지만 여전히 여기까지다. 지금도 수영다운 수영은 못 한다.

"수영을 못한다고?"

"응…."

어릴 때부터 물개같이 놀아온 휴양 친화적인 유럽 친구들을 보면 항상 기가 죽었다. 다들 어찌나 바다에서 잘 노는지, 해양생물인가 싶었다. 다이빙한 뒤에 다시 수면 위로 올라오는 모습이 기가 막히게 신기했다. 발이 지면에 닿지 않는 곳에선 물놀이조차 할 수 없는 내 입장에서 그들의 발재간은 인류의 발재간이 아니었다.

하루는 밤새 지중해를 떠도는 몰타의 파티보트에 올랐을 때였다.

"다이빙할래?"

프랑스인 친구 아나이스가 대뜸 말을 걸었다.

"뭐, 미쳤어? 난 못해. 여기서 다이빙하면 난 죽을 거야."

당연히 안 하겠다고 손사래 쳤지만, 하나둘씩 보트에서 바다 위로 뛰어드는 사람들을 보니 부러움에 젖어 들었다. 아니, 깊이도 모르는 새까만 바다에 어떻게 맨몸으로 뛰어들고서 다시 풍풍 올라올 수 있는 거지? 안 무서운가?

"뛰어들면 본능적으로 다시 떠오른대. 나도 수영 못하는데 다이빙할 거야."

나를 설득하는 그 목소리가 무서웠다. 아니, 아는데. 뜬다는 것까진 알아…. 하지만 나는 결국 가라앉아 죽을 거라고.

남들이 호기롭게 뛰어드는 모습만을 실컷 구경하고 있던 그때, 수영을 전혀 못 한다고 했던 한국인 하우스메이트가 물에 쫄딱 젖은 채로 돌아오는 것을 보았다.

"아니, 뛰었어요?"

"네. 뛰어들었다가 왔어요."

"수영 못한다면서요."

"네. 수영 못해요. 발을 파닥파닥하니까 어떻게 뜨긴 뜨던데 완전 죽을 뻔했어요. 같이 뛰자고 했던 애가 잡아줘서 겨우 살았어요."

'뜨긴 뜨던데'라는 말에 잠시 혹했다. 뜰까? 진짜? 나도 뛰어내릴까? 하지만 목숨을 걸고 실험을 하기엔 내 목숨은 단 하나뿐이었다. 쟤는 살아 돌아왔어도, 나는 진짜 가라앉아 죽을 것 같단 말이지. 하지만 계속 저 바다 속으로 들어가고 싶다는 생각이 간절했다.

"구명조끼… 없어?"

결국 나는 수백 명이나 되는 보트 인파 중에 유일하게 구명조끼를 입고 다이빙대에 올라섰다. 쪽팔렸다. 혼자서 구명조끼를 입은 아시안 여자애, 심지어 혼자 원피스 수영복을 입었어. 와, 세상에서 제일 주목받는 기분이야.

"괜찮아, 제스! 할 수 있어!"

옆에서 나를 부추기며 응원하던 프랑스 친구는 먼저 바다로 점프하더니, 물개처럼 바다 위를 돌아다녔다.

"아니, 뭐야. 너 수영 잘하잖아."

"하하, 맞아. 사실 수영 잘해! 그러니까 내가 너 구해줄 수 있으니 뛰어내려!"

그리고 나는 용기를 내서 다이빙을! 못하고 계단으로 슬금슬금 내려가 물속에 들어갔다. 나는 이 보트에서 가장 튀는 사람이자 최고 겁쟁이인 셈이었다. 무서워서 다이빙도 못 하고 계단으로 슬금슬금 내려간 이도 내가 유일했다.

새카만 지중해 바다 위에 동동 떠올랐다. 그러다 점점 뭔가 이상해져 감을 눈치 챘다. 구명조끼 덕에 당연히 물에 떠오르긴 했는데 전혀 내 의지대로 방향을 조절할 수 없는 것이다!

'뭐야, 좀 이상한데?'

사람들이 있는 곳으로 파닥여서라도 이동하고 싶었는데, 나는 전혀 반대 방향으로 점점 떠내려가고 있는 것이다. 지중해의 새카만 밤, 떠내려가면 답도 없다. 얼른 눈을 돌려 친구를 찾았다. 물개처럼 신난 아나이스는 아주 저 멀리서 수영을 하고 있었다. 안 돼! 나는 이대로 바다 위를 표류하다 저체온증으로 죽을 것이다. 이대로 떠내려가서 죽을 수는 없었다.

"아나이스, 나 좀 구해줘!!!! 아나이스! 아나이스!"

　아나이스의 이름을 수차례 외치면서, 망망대해를 표류하는 내 모습이 그려졌다. 안 돼. 이렇게 허무하게 실종될 수는 없다고. 이렇게 허무하게 죽을 수는 없는 인생이란 말이다. 엉엉. 점점 멀어져가는 친구의 모습을 보며 공포를 느꼈다.

"제스! 내가 왔어! 내가 구해준다고 했잖아."

　떠내려가는 나를 발견한 아나이스가 물개처럼 헤엄쳐 와 나를 잡아주었다.

"엉엉. 왜 이렇게 늦게 왔어. 죽는 줄 알았잖아. 나 다시 보트 위로 올려줘."

　나는 그의 도움을 받아 보트의 계단 위로 올라섰다. 나 자신이 이렇게 하찮아 보인 적은 처음이다. 구명조끼를 빠르게 반납한 후, 친구들이 있는 곳으로 숨어들었다.

"나 진짜 떠내려가서 죽는 줄 알았어."

　아마 조금 더 패기를 부렸으면 구명조끼 없이 다이빙했다가 그대로 지중해 바닥으로 가라앉아 죽었을 것이다. 아무리 궁금해도 목숨을 걸고 불확실한 실험은 더 이상 하지 않기로 했다. 그리고 일단 수영이든 자전거든 언젠간 제대로 배워야겠다고 다짐했다. 다들 즐겁게 누리는 여행의 방식을, 나만 못 누리고 죽으면 내 삶이 너무 억울하지 않겠는가.

내가 여행하는 방법

"삽질로만 책 한 권 분량이 나온다고?"

"응. 나오더라."

"와, 너 이 정도면 파괴왕 아니냐?"

그런가. 나는 파괴왕인 것인가…. 여행 중 겪은 삽질이 이렇게나 많았다니, 스스로도 놀랐다. 지금껏 여행에서 있었던 의미 있는 에피소드만 모아보자고 시작했던 것이 이 글의 전신이었다. 처음에는 삽질과 상관없이 재밌거나 감동적인 이야기도 함께 담으려고 했는데, 이미 '뻘짓'한 내용만으로도 책 한 권 분량이 나온다는 것을 깨달았다. 책의 한 파트에 불과했던 '삽질 에피소드'는 소재가 자꾸 떠오르고 또 떠오르다가 결국 책 한 권의 분량으로 불어났다. 마지막에 이르러서는 분량상 빠진 아까운 에피소드마저 몇 있을 정도다. '인싸'들의 틈에서 고생한 외국 생활 이야기라든지, 삿포로로 당일치기를 다녀와야 했던 썰이라든지, 야생 뱀을

만난 이야기라든지, 목숨을 건 트레킹이라든지…. 꼼꼼하고 안정적인 여행을 추구하는 편인데도, 왜 이렇게 에피소드가 넘쳐나는지는 나도 모르겠다.

여행을 좋아하는 이들에겐 누구나 나와 같은 에피소드가 차곡차곡 쌓여있을 것이다. 여행이란 것이 계획대로 되면 그것은 이미 여행이 아니지 않겠는가. 여행은 결국 불확실성에 대한 모험이다. 그리고 훌륭한 여행자는 이러한 불확실성을 충분히 감내할 수 있는 사람일 것이다. 내 의지와 상관없이 펼쳐지는 삽질 에피소드 덕에 일정이 꼬이길 수십 번, 덕분에 화가 나고 답답하기도 수천 번이다. 그래도 세월이 지나 보면 그 어느 에피소드보다 삽질 에피소드만 생각나는 것이 우습기도 하다. 심지어 당시의 고생은 잊어버리고 기억이 퇴색되어 우스운 일화 정도로 남아버리니.

여행길에서 따라오는 삽질은 언제나 두렵다. 이 삽질을 막기 위해 가능한 한 꼼꼼히 계획을 세우고 떠난다. 하지만 삽질이 들어올 가능성을 모두 막아 두지는 않으련다. 그렇다면 여행이 너무 재미가 없어질 테다. 나는 지금껏 내가 해오던 그대로, 내가 좋아하는 모든 방식의 여행을 계속할 것이다. 때로는 혼자서, 때로는 친구와, 때로는 또 가족과. 처음 가는 길을 용감하게 걷고, 자주 가던 도시를 여전히 또 방문할 것이고, 갈 때마다 이상한 에피소드를 하나씩 얻어 올 것이다. 이에 따른 삽질은 내가 어쩔 수 없는 부분이다. 그러니 모든 것을 안고 가련다. 가만히 생각해보니 이젠 삽질도 충분히 좋아 보인다. 누군가에게 이야기해줄 재미난 에피소드가 하나 더 생기는 셈이니까. 김영하 작가는 『여행의 이유』에서 이런 이야기를 했다. 여행이 너무 순조로우면 나중에 쓸 게 없기 때문에, 식당에서 메뉴를 고를 때 고심하지 않는다고. 운 좋게 맛있으면 맛있어서 좋고, 맛이 없으면 맛이 없는 대로 글 쓸 거리가 생겨서 좋다고 했다. 이제는 새로운 에피소드를 얻는다는 명목까지 생겼으니, 나 또한 삽질을 더 환영해야 할 판이다. 여행은 결국 새로운 경험을 위한 발걸음이다. 다채로운 여행길을 위해서라면, 앞으로도 기꺼이 삽질하련다.

웰컴 투 삽질여행

초판1쇄 2020년 9월 15일 **지은이** 서지선 **일러스트** 안소정 **펴낸이** 한효정 **편집교정** 김정민 **기획** 박자연, 강문희 **디자인** 화목, 구진희, 이선희 **마케팅** 유인철, 김수하 **펴낸곳** 도서출판 푸른향기 **출판등록** 2004년 9월 16일 제 320-2004-54호 **주소** 서울 영등포구 선유로 43가길 24 104-1002 (07210) **이메일** prunbook@naver.com **전화번호** 02-2671-5663 **팩스** 02-2671-5662 **홈페이지** prunbook.com | facebook.com/prunbook | instagram.com/prunbook

ISBN 978-89-6782-118-0 03980
ⓒ 서지선, 2020, Printed in Korea

값 14,500원

이 도서의 국립중앙도서관 출판예정도서목록(CIP)은 서지정보유통지원시스템 홈페이지(http://seoji. nl.go.kr)와 국가자료공동목록시스템(http://www.nl.go.kr/kolisnet)에서 이용하실 수 있습니다. CIP제어번호 : CIP2020035086